by Emma Jenner

Keep Calm and Parent On

任性宝宝
怎么教

[英]爱玛·詹娜 著　　纪江玮 译

全国百佳图书出版单位
APTIME
时代出版
时代出版传媒股份有限公司
黄山书社

凤凰阿歇特
hachettephoenix

图书在版编目(CIP)数据

任性宝宝怎么教/(英)爱玛·詹娜著;纪江玮译. —合肥:黄山书社,2014.11

ISBN 978-7-5461-4786-4

Ⅰ.①任… Ⅱ.①爱… ②纪… Ⅲ.①婴幼儿–哺育–问题解答 Ⅳ.①TS976.31-44

中国版本图书馆 CIP 数据核字(2014)第 265296 号

KEEP CALM AND PARENT ON
Copyright © 2014 by Emma Jenner
Simplified Chinese Translation Copyright © 2015 by Hachette-Phoenix Cultural Development (Beijing) Co.,Ltd.
Published by Huangshan Publishing House.
Published in agreement with The Ross Yoon Agency, through The Grayhawk Agency.
All rights reserved.

版权合同登记号　图字:12-1414-057

任性宝宝怎么教

[英]爱玛·詹娜 著 纪江玮 译

出 品 人	任耕耘
策　　划	马 磊　张寓宇
责任编辑	高 杨　秦矿玲
特约编辑	张荣梅
装帧设计	吴蜀魏
出版发行	时代出版传媒股份有限公司(http://www.press-mart.com)
	黄山书社(http://www.hspress.cn)
	凤凰阿歇特文化发展(北京)有限公司(www.hachette-phoenix.com)
地址邮编	安徽省合肥市蜀山区翡翠路1118号出版传媒广场7层 230071
印　　刷	合肥精艺印刷有限公司
版　　次	2015 年 5 月第 1 版
印　　次	2015 年 5 月第 1 次印刷
开　　本	700mm × 1000mm　1/16
字　　数	180 千
印　　张	17.5
书　　号	ISBN 978-7-5461-4786-4
定　　价	35.00 元

服务热线　0551-63533706

销售热线　0551-63533761

官方直营书店(http://hsssbook.taobao.com)

版权所有　侵权必究
凡本社图书出现印装质量问题,
请与印制科联系。

联系电话　0551-63533725

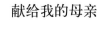

献给我的母亲

序 言

终于为人父母了！

无论对谁，这都是一个人生命中最忧心忡忡的时刻。突然之间从"我"变成了"我们"，突然之间要负责照顾这个脆弱和美丽的"生物"，这大概是我整个人生中最抓狂的事情。我变得手足无措，充满了神经质的敏感和焦虑，完全不知道该干什么。我还没开始就失败了。

海量信息扑面而来，它们就像来自充满激情的竞选政治家，全是貌似"正确"的东西，它们涵盖了一切。无论是母亲、同事、杂货店的收银员，还是快递公司的大叔，所有人都对怎么做父母，怎么养育出健康、可爱、尊老爱幼、欢快而又独立的孩子有一套自己的想法。虽然他们的本意是好的，但是他们的指点只会让我更加害怕和无助。

2004年，我遇到了爱玛·詹娜，那时我的儿子诺曼才3个月大。诺曼的护理员推荐了爱玛，于是她开始在周末和我们一起工作。

爱玛不仅年轻、自信、甜美、彬彬有礼，而且很英国——简直就像迪斯尼电影里的神仙保姆玛丽。这是我在开玩笑，不过爱玛对我家的重要性，我绝没有夸大。爱玛的工作从一开始的兼职护理变成了全职保姆，陪伴着我们走遍了全世界。从居家到去饭店、找学校、和新朋友的结交与相处，我们的生活发生了很多很多的变化——这期间爱玛一直都在。我曾经把她叫作老婆，为此我们开怀大笑。

　　她确实是我的定心丸。

　　诺曼成长的各个阶段，从新生儿到6岁小男生，爱玛一直都是我的向导。在对孩子进行睡眠训练时，她握着我的手，还擦去我因为心疼孩子而掉的眼泪；她充满爱心地与我讨论孩子和大人一起睡大床的利弊；她在客厅为威格斯儿童乐队举行晚会；她教给我时间表的重要性。在处理尊重与得体的举止问题时，是她给了我力量。我因为拿不定主意而倍感沮丧，做母亲的信心常常因此低落，对此，她比任何人都更能理解。

　　爱玛受过正规的教育与培训。她很聪明，有智慧，有爱心，有趣，爱玩。她了解一切。对于任何寻求帮助与指导的人，她都是一份厚礼。

　　我很高兴你现在有机会了解这位非常特别的、具有天分的女士。把这本书放在你的床头吧，它会成为你最好的朋友。

黛博拉·梅辛

目 录

引 言
灵丹妙药

培养一个坚强的孩子要比恢复一个崩溃的大人容易。

——弗雷德里克·道格拉斯

19世纪美国废奴运动领袖、演说家、作家

我曾与世界各地的保姆和家长一起工作过，我注意到养育过程中一个日益严重的危机。请看这个例子：一个大人走进房间。房间里唯一的一把椅子上坐着一个孩子。孩子会站起来给大人让座吗？或者，如果大人坐着，孩子进来了，大人会把座位让给孩子而自己站着吗？在我成长的20世纪80年代的英国，让孩子坐着而让大人站着的做法是难以想象的。而现在呢？正好相反。父母渴望让孩子舒服，或者不想让孩子发出抱怨的声音，为此他们就牺牲了自己。

最近，我听到一位妈妈问爸爸能不能带儿子去买面包。"他不想去。"爸爸说。他不想去？听到这话，我吃惊得眼珠子都快掉出来了。到底谁是父亲谁是孩子？如果这位爸爸能听见我想说的话，他大概会给自己敲响警钟，提醒自己是时候恢复一些对孩子的控制了。

现代的养育方式已经出了问题。我们必须了解我们何以至此，才能想办法解决。我认为有4个基本原因导致了我们的养育危机：

1. 我们降低了对孩子的期望

想象一个已经架好的横杆，就像奥运会田径比赛上的横杆一样。我们希望孩子越过这个横杆。当我们自己还是孩子的时候，那个横杆的高度到我们的胸部，要想越过它，需要一些努力和纪律，但我们都越过去了。渐渐地，横杆的高度不断小幅下调。一年又一年，我们对孩子的期望越来越低。现在，横杆只是勉强到达孩子的膝盖，只需轻松地动动脚趾就能跨过去。而我们却雀跃不已，"孩子今晚和我一起做了晚饭！"我们自豪地说，"真是一个了不起的孩子！"这种下滑在某些国家更加严重，我还没有看到哪个国家完全没有这种现象。

我曾看到过一个3岁的小男孩抓他爸爸的头发。爸爸笑着把他的小手拿开了，但小男孩立刻从爸爸头上抓起更大一把头发。这种情况重复了好几次。这位爸爸既没有用严厉的语气教训孩子，也没有因为这是个粗野的游戏就让孩子停下来。无论是爸爸还是妈妈都觉得儿子还太小，还不懂事。

再举一个例子，我经常听到家长说不能带孩子去餐厅。"为什么不能？"我问。"孩子还不懂规矩呀。出现状况我会很尴尬，我可不想应付这种状况。"我说："不对。只要你对他有这种期待，并教他怎么做，他会很规矩的。"家长必须付诸行动，虽然这需要时间、精力和耐心。但这一切都值得。我可以带18个月的、3岁的或者5岁的孩子去豪华餐厅。我知道他们会守规矩的。我怎么知道？因为我不会容忍他们不守规矩！

2. 我们远离了乡村和邻里

同一社区中的家长不再像过去那样相互支持，他们忙于比拼谁的孩子更出色，几乎不交流在育儿过程中遭遇的挣扎，因此也没有机会得到非常需要的同情以及可能的建议。因为当孩子行为不当时，他们不想承认。他们不是和其他父母、老师团结合作，而是相互敌对。

以前，养大一个孩子需要整个村子的共同努力，现在，我们已经失去了这个村子。以前，在我家里，虽然妈妈承担了抚养孩子的大部分工作，但是保姆、老师、附近商店的老板和父母的朋友都起了作用。在美国，情况与此相反。一个人教育孩子的方式成了大家批判的对象。我甚至敢这么说，大多数父母都害怕在公共场合教育孩子，因为他们害怕别人的批评。

我的朋友艾比最近告诉我一件她儿子在幼儿园里的事情。她儿子喝酸奶的时候总是把酸奶洒得到处都是，老师很头疼。艾比对老师说："我该做些什么？让我们一起来搞定这个问题。"幼儿园老师很是震惊，觉得她真是开明。

艾比后来得知，大多数父母不接受老师对孩子的任何批评。与此相反，在我很小的时候，有一次我从商店里偷了几毛钱的糖果。妈妈带着我大步返回商店，让我向商店老板道歉。

如果这件事发生在今天的美国或英国，父母可能会批评孩子，但他们会因太过难堪而不承认孩子的不当行为。毫无疑问，我妈妈那时也很难堪，但她觉得给我这个教训是值得的。如果没有一个健康的、充满支持的社区氛围，父母们只能靠自己的努力去完成一项原本更适合整个村子协力完成的任务。

3. 我们走了太多的育儿捷径

第三个问题是父母们实在太心急了，有机会就走捷径。在忙乱的世界中有捷径可走确实很幸运，但必须小心谨慎。

我最反对的捷径是电子游戏和电视节目。孩子们"插电"时间太长的说法，对大家来说都不是什么新闻了。很多专家都从儿童注意力缺失的角度讨论技术进步的代价。这点我同意，新媒体的过度使用给孩子们带来了很多问题，比如会影响孩子的睡眠，影响孩子的日程安排，还会影响孩子学习正确的行为方式。举例来说，如果你带孩子看望一个刚生了宝宝的新妈妈，一旦孩子表现不佳，你不必费心教导他在新环境中应该如何表现，只需把平板电脑塞给他，他就会安静下来。不理会孩子不好的行为，放弃对孩子进行教育，这是很容易的，但我们必须拒绝这种省事的诱惑，坚持从长远的目标出发！

另一个捷径是食物。在开车赶去办一件急事的时候，你可能在车里解决了晚饭。虽然在这种情况下有东西吃是件好事，但是这意味着你失去了和孩子一起好好共进晚餐的机会，而这正是给孩子示范恰当饮食习惯和进餐礼仪的好机会。

有一些捷径很明显，比如让孩子连续看好几个小时的电视。有一些很简单，比如 1 岁孩子一屁股坐在地上哭闹，你正赶时间，等不及哄他和让他自己爬起来，就把他扶了起来。选择捷径，短期内节省了时间，大事化小，但是从长远来看，以后的教育难度就大了。比如你希望正上幼儿园的孩子每天临睡前收拾自己的房间，你可以用 20 分钟，花上十分的精力哄劝并教他自己完成。你也可以只用一半的时间、一半的精力自己打扫。但是第二天，你依然要花同样的时间和精力为他打扫，并且以后都是这样。如果你不是替他打扫，而是拿出更多的时间和精力帮助他自己完成，最终你可以放手。不仅如此，在此过程中，你还成功地培养了孩子的责任心！如果你像经营公司一样经营家庭，你根本不必打扫孩子的房间。虽然这样考虑问题过于量化，但是当你时间不够用又想找出 10 分钟的时间时，这个方法非常有用。

4. 我们掌握不好分寸

第四个也是最后一个问题，是我们在育儿过程中经常掌握不好分寸。现在的父母有一种倾向，就是对育儿想得太多了。有这么多专家和"新"方法，就连最基本的常识都让人无从把握。

父母们都希望速战速决。他们希望针对自己孩子的问题有一个对症的药方，无论是睡眠不好，还是注意力不集中。但其实并没有所谓的速效修复法，也没有神奇的育儿新技巧能改变你的孩子。不过，好用的传统常识是有的。平衡是关键，这也是我的育儿哲学中很重要的一点。我既不鼓励严格的英式教养，也不赞成过于宽松的美式育儿。正确的方法是在两者之间寻求平衡。无论是全胡萝卜饮食，还是强调亲子依恋的亲密育儿，什么事情走极端都不行。我们接受的教育是，适可而止是最好的。可为什么教育孩子时就不一样了呢？许多家长都选择"最新、最伟大"的育儿理论，然后在孩子身上用到极致。

举一个明显的例子，母乳喂养。我百分之百地认为母乳喂养通常是最好的，但事情并非总是如此。对某些妈妈来说，哺乳就是折磨。对有些婴儿来说，哺乳确实行不通。有些妈妈想要——不，她们确实偶尔需要用配方奶作为补充，这样她们可以多睡一会儿，或是短暂外出。可在我们的文化里，在努力促进母乳喂养的热情中，我们已经完全脱离了适度的原则。很多母乳喂养的倡导者，非常怕新妈妈发现以配方奶作为哺乳补充是多么容易，所以连偶一为之都极力反对。这又不像吸烟，一旦你吸了几支就上瘾了。我们不应该危言耸听，应该为所有家庭提供没有偏见的信息，让他们自己决定怎么做。我们应以常识为重，而不是走极端。

类似的夸张情况还发生在父母和孩子说话时的用语方面。最近的育儿趋势是不惜一切代价避免说"不"或其他任何有负面色彩的语言，以免打击孩子的创造性和自由感。当然，对于更积极的言辞，孩子确实能做出更好的回应，所以从某种程度上我赞成这一理念。但有时家长必须明确地表达意思，确保说的话能让两岁的孩子听懂。这就是一个简单的"不"字。陷于情感的心理学术语对家长和孩子都没有好处。

以上 4 个方面是我最根本的育儿理念。这些理念贯穿本书始终。不过理念的东西只是大方向，落实到细节之后才是真正的乐趣的开始。为此，我要介绍一下我的问题清单。

问题清单

本书的每个章节都围绕育儿过程中的一个重要主题展开。我曾在英国、德国和美国生活和工作过，有的孩子我从一周大一直照顾到十几岁。我照顾过的孩子既有来自比弗利山庄的优越家庭，也有来自贫困社区的普通家庭。以此背景为基础，再加上我的国际视野，我将解释每个主题背后的理念，然后探讨涉及该主题的问题清单。

大多数家长对自己的职责有基本的概念：以健康膳食喂养孩子，保证孩子有充足的睡眠，对孩子表达爱，为孩子设定一些边界。但是依然有很多家长会抓狂。他们的孩子不尊重人，不懂规矩，总是让父母感到疲惫，或是不受父母控制。这些父母无法满足孩子的需要，经常感到力不从心。不识庐山真面目，只缘身在此山中。

这些年来，我曾走进世界各地数以百计的家庭，观察他们的亲子关系。通过些许调整，这些家庭的生活就能发生显著变化。家长们都震惊于孩子的改进如此迅速，震惊于自己的家庭如此有活力——最快只需三天。不良行为是可以调整的。一个让人"无计可施"的孩子，甚至是让人失去希望的孩子，能够迅速发生转变（但这种迅速发生的转变也可能会同样迅速地消失，后面我会详谈），表现出父母原本认为没有可能培养的尊重、礼貌和自我控制。我分享这一切并不是为了夸耀，而是因为我对本书的内容有着强烈的感受。我知道有无数的家庭本可以过得更快乐。

我服务过的家长经常问我，是不是给他们的孩子撒了仙女小叮当的仙灵粉，仿佛我的英国风格预示着我有小叮当的直线电话。我不想让他们失望，但是我真的没有仙灵粉。不过，我有问题清单！通过弄清楚清单上的一系列问题，能让孩子的问题客观地呈现出来。

每次我走进一个新家庭，我都会一边观察，一边对照我的问题清单：孩子们是否彬彬有礼？他们的饮食习惯如何？他们都在哪里睡觉？他们如何入睡？他们用的是什么样的时间表？父母如何处理他们的不当行为？家里是否有成人监管孩子们的生活？这些问题看似基本，但你越是细分下去——我是这样做的，你就越能看到，基本的事务是多么容易被忽略。

例如，父母都知道，孩子行为不当时要让他知道后果，但真遇到这种情况时，他们却不会像当初想的那样去做，或者没有精力那么做。父母知道无条件的爱至关重要，所以管教孩子的同时也会为孩子擦去眼泪，可这也造成了教育的矛盾；父母给孩子准备了营养均衡的饭菜，自己却在孩子面前大嚼特嚼薯片。有一位家长，同时也是一位老师，她深感困惑的是，自己可以管好班里的25个学生，却对家中的4个女儿无能为力。我有一个好朋友，从事保姆工作多年，（顺便说一句，她是一个比我更严格的保姆）可她有了孩子后，之前她制定的所有规则都被抛在了脑后。

有时候我也很盲目。我照顾过的一个小男孩曾让我非常困惑，我搞不懂为什么他那段时间表现得这么出格。离开一段时间再回来照顾他时，我才终于看清问题所在：他妈妈一直忙着赶工，没能像平时那样专心陪他。当然，很多时间我都和他在一起，但是他并不需要我的关注，他要的是妈妈的关注。当我明白问题的关键后，解决起来就很容易了。但是，并不是每个人都有机会放下问题，离开几个星期，从而获得一个全新的视角，所以我的问题清单可以帮助你找出那些隐藏着的问题。

有的父母读过一大厚本如何应对发脾气的理论书籍，就自诩为这方面的专家，但在处理实际问题时可能会搞错原因。现实生活中，孩子发脾气可能只是因为他没睡够。读过有关营养搭配的论文，花费大量精力去准备营养均衡的早餐，但是孩子不肯坐下来吃饭，因为你不会设置并坚决维护这些规范。你必须综合看待孩子的问题，把所有的因素都摆在一起。问题清单可以帮你做到这一点。

问题清单会帮助你跳出眼前的问题，及时发现自己的做法是否南辕北辙，帮助你尽快回到正确的轨道上。

如何使用问题清单

使用问题清单时，你可以想象我就在你旁边看着你。如果你的孩子今天让人很头疼，和清单中的问题核对一下：睡眠问题？不是。营养问题？不是。如此等等。只有认真查看这个单子，你才能有最大的收获。你会发现某一项没有画钩，那你就需要对此做出回答，重中之重是你回答问题时要诚实，诚实到什么程度则由你决定。

你可以每天查看这个清单，甚至每天看很多次。当睡眠和营养这样的事情了然于胸后，像高质量的亲子时间、自尊这些方面你会自然想到的。

如果第一眼你就可以勾掉所有项目，那你需要深入挖掘，用每章开头的清单帮你确定重点在哪里。例如，你可能会卡在"睡眠"选项上。你知道孩子睡眠不好，但找不出原因。你可以浏览睡眠这一章开始处的清单，看看你被困在哪里了。

最后，本书在末尾提供了空白清单。你可以把这部分裁下来复印。我觉得手写记录非常有用——让人很有成就感，而且手写记录能够以看得见的方式引导你发现问题所在。

另外，我在每个章节都着重给出了一些育儿技巧，这些都是我做保姆多年积累的宝贵经验，本着相互支持和借鉴的原则，我还放置了别的家长的好建议。

问题清单虽然看似简单，执行也不算难，却代表了我希望能够得到家长认同的更深层次的理念——对育儿方式的重新定位。我鼓励家长恢复控制，家长可以因此更加欣赏自己的孩子。我不能在每个家庭都待上三天。但是有了我的问题清单，你就不需要我了。你自己就能知道问题出在哪里，如何解决，如何让问题不再出现。

育儿既比想象的困难，也比想象的容易。本书中的清单会把家长日常的困惑和常见的问题放在一个客观和系统的范畴之内，减少家长在育儿过程中的内疚感和焦虑感。育儿的艺术性强于科学性，这种说法没有错。但是育儿确实有科学的方法，科学的具体体现就是让人获得安慰。当你的小宝贝变成了让人束手无策的小怪兽，搞得你无力招架时，科学正是你所需要的。现在，戴上科学家的帽子，拿出问题清单，开始着手检查吧！

编者按：为尊重原作，体现案例的真实性，本书中所举例子中的孩子性别，仍按照原书使用"他"和"她"。

为孩子牺牲一切不是无私，而是荒唐。

———爱丽，影片《好运之人》中的主人公

第**1**章
重新找回做父母的尊严

致爸爸、妈妈

问题清单

☐ 你的睡眠是否足够？

☐ 你是否腾出时间来关心自己？

☐ 你是否腾出时间来关心你和伴侣的关系？

☐ 你回家时是否先问候你的伴侣而不是孩子？

☐ 妈妈：你是否和伴侣做爱？

☐ 爸爸：你是否关心妈妈？

☐ 如果和伴侣都在家里，你们是否通过互动给孩子示范良好的伴侣关系？

☐ 家里是否有欢乐？是否有很多笑声和乐趣？

☐ 你是否享受为人父母的感觉？

☐ 你是否有信心处理好孩子的各种行为？

☐ 你是否冷静？

☐ 你能否确保自己不是一切围着孩子转？

☐ 事情不顺利时，你是否会原谅自己？

☐ 你是否愿意寻求帮助？

我把关心妈妈和爸爸的内容作为本书的第1章是有原因的。有一种说法是，一个家庭的快乐程度取决于最不快乐的那个成员的快乐水平。对许多家庭来说，那个成员就是父母中的一方。父母很少把自己放在第一位。为了整个家庭的幸福，这一点需要改变。

　　今天的父母，为了满足孩子的需求，常常会将自己的需求搁置一边。我知道有些女性当了妈妈之后，就不再规划晚上与闺密的聚会。还有一些女性不愿给自己买新衣服或是挥霍一下做个讲究的发型，因为她们想把一切都给孩子。妈妈和爸爸不再花费精力经营夫妻关系。在许多家庭里，一旦孩子出生，父母甚至不再同床共眠。他们对父母角色的投入令人钦佩，但是育儿之道的第一要务，首先是照顾好自己，而不是孩子。所以，爸爸、妈妈们，请到前面来，到中心位置上来！

　　把本章作为第1章还有一个技术上的原因。如果你养育孩子时精疲力竭，而不关心自己的需求，那么遵从本书中的清单会非常困难，甚至是不现实的。育儿需要精力——很多的精力。虽然我敢肯定你看完这本书后会省下不少精力，但是刚开始运用这些育儿方法时，你要投入更多精力。你需要找到储备能量的方法，而最好的方法就是为自己腾出时间。

　　很多家长读过以上指导后可能会说："好啊，那你能不能看看我的日程安排，看看哪里还有档期？"很多家长觉得自己已经够忙了，甚至觉得照顾自己是个负担，我要求腾出时间的指导完全是给他们本已不堪重负的事项列表又增加了新内容。

对此我有两个反应：

1. 我提供的是更有效的操作方法。如果你能得到休息，你就会更有效。你浪费掉的时间更少，你的生活就会更轻松。就这么简单！

2. 腾出时间，既可能涉及如何安排做事的优先顺序，也可能涉及现有做事方式的改变。问题是该强调什么。例如，当一家人一起吃饭时，你可能是最后一个坐下来的，也可能起身好几次，或是去给孩子加牛奶，或是给孩子上第二份面条。为什么要让家人觉得他们好好吃饭很重要，而你能吃上一顿热饭就不重要呢？事实上，这更重要。在我熟悉的英国家庭里，是所有人都吃完第一份之后才开始上第二份。你的家人可以等待。这同样适用于你需要休息和安静的时候。如果孩子比较大了，你可以直接地说："妈妈现在需要一些自己的时间，你先在一边玩吧，过一会儿我就去陪你。"

在正式讲解我的清单之前，来看看我们为什么会随时准备跳起来满足孩子的每一个需求，让我们看看这种情况是怎么出现的。我觉得元凶有以下几个：

首先是我们都沉浸在内疚的文化里。父母两人都工作的家庭越来越多，他们觉得回家以后一定要和孩子绑在一起，关注孩子所说所做的一切。他们的理由是，因为我和孩子在一起的时间那么少，所以我必须让孩子快乐。我能做些什么让孩子快乐呢？我坚定地支持父母要和孩子共度高质量的亲子时间。本书有一整章专注于这个话题。但高质量的亲子时间并不意味着满足孩子每时每刻的每一个需要。让自己的生活轻松一些吧！告诉孩子，他必须等待，并

在这个过程中教他学会有耐心。

为我们的焦虑雪上加霜的是，很多育儿专家把内疚感搅和成一锅粥，拿出来贩卖。就像晚间新闻的预告片，为了吸引收视，就利用你的恐惧感："你家是否有一氧化碳中毒的风险？请晚上11点准时收看找答案。"专家为了让你关注他们的建议，利用了你的不安全感。他们不断地讲，你的孩子需要健康、快乐、平衡。其实你的孩子更需要的，是一个快乐的你。

第二个原因是我们惯于相信孩子必须得到持续的关照。这其中部分原因是我们自己也是这样——需要持续的关照。这个习惯的开端是新生儿出生头几天就开始使用的摇椅。

这种椅子可以震动，播放音乐，可以装上各种哄逗婴儿的闪闪发光的东西。但想象一下，如果你突然被丢到一把你动弹不得的椅子上，然后被迫接受着震动，就像用了电动牙刷，听着小声的音乐，灯光在你的眼前闪来闪去……听起来是不是很折磨人？但是我们训练我们的小宝贝，希望他们喜欢这样的刺激。当孩子长大一些，全家开车出门，即使是很短的行程，也要准备好零食、饮料和适合孩子的音乐。如果这些都不管用，我们就和他们玩游戏。让孩子自己看看窗外，自娱自乐有什么不好？我们要教会孩子没有每时每刻的娱乐也没问题。这对孩子有好处，对我们也有好处。这意味着有时我们也可以听听自己喜欢的电台，而不只是孩子喜欢的节目；这意味着他们玩积木的时候，我们也可以坐下来喝杯咖啡。

自我压抑的最后一个原因是我们自己。我不断看到有父母陷入与孩子相互依赖的关系中。一位家长跟我说："我周末出不来，因为我的小宝宝需要我。"我想："不对，你出不来，是因为你离不开你的孩子。"让孩子学会适应没有你的状况，这样才是健康的。同样，学会适应没有他的状况，对你来说也是健康的。我见到过父母送孩子去幼儿园的情况，有一半妈妈和爸爸都是拖泥带水的。父母离开时，孩子有些惊慌，这很正常。所有的幼儿园老师都会告诉你，这种情况只会持续片刻，最好的方式就是赶快和孩子告别，简单地说一句："好好玩，我会回来接你的！"这样就行了。但是爸爸妈妈们恋恋不舍，搞得情况更加糟糕。这样对孩子没有帮助。那为什么还要这样做呢？

所以，让我们做到心中有数，一起和这些无益的行为习惯做斗争。让我们为了自己的快乐，做我们该做的事情。

局外人（也就是我）很容易看出一位家长是否快乐，你自己却不容易看到自己不快乐的迹象。为此，请如实回答以下问题：

□ 你的睡眠是否足够？

每个人都需要睡眠。每个人！每个人每晚都需要至少七八个小时的睡眠。如果你没有达到这个睡眠时间，请把这个问题作为本书的首要任务来解决。如果有一个新生儿，晚上睡够七八个小时是不可能的。但你必须在白天尽可能地休息，并努力在夜间一觉睡满至少4个小时（这意味着：叫醒你的伴侣，如果你有伴侣！看在上帝的分上，轮到他了）。

□ 你是否腾出时间来关心自己？

你需要好好照顾自己。你需要营养丰富的饭菜，需要运动，需要自己的时间，哪怕只是泡个热水澡放松一下。你还需要能帮助你的亲朋好友。涉及生儿育女，如果这个问题的答案是"否"，其他的一切就没有意义了。所以，不要找借口。

□你是否腾出时间来关心你和伴侣的关系？

孩子的出现通常会使婚姻的满意度下降，谁也不觉得这会是新闻。爸爸、妈妈常常把孩子放在第一位，而没有给伴侣留出时间。因为上班要经常离开孩子，所以他们不想两人出去不带着孩子。他们可能太过劳累，再多一项安排也不想做了，哪怕是些令人愉快的事情，比如看电影或外出吃饭。他们未必能轻松地找到保姆，也许他们负担不起。但是，如果你有伴侣，对伴侣关系的呵护是其他一切的基石。你们之间的沟通越多，家里的事情就会越顺畅。（本书第2章会详述）你们俩在一起越开心，家庭气氛就越轻松。即使看似没有时间，也要想方设法呵护伴侣关系。孩子上床睡觉后，用喝茶的时间聊聊天，或在午餐时挤出一些共处的时间。优先保证两人独处的时间，你会看到区别有多大。

□你回家时是否先问候你的伴侣而不是孩子？

如果你有伴侣，你和他打招呼的方式能够很好地透露出他在你心中的位置。如果你回到家先亲吻孩子，后亲吻爱人，那你应该改过来。这样的做法不会伤害孩子的感情，这只是让他知道你也很重视爸爸/妈妈，你们之间的关系也很重要。因为你们两个人的结合才可能有孩子的出现，这一点应该得到全家的重视。

□妈妈：你是否和伴侣做爱？

有一次，我组织了一个新妈妈研讨会。会上共有11位新妈妈。她们的孩子从6个月～18个月大小不等。在这11位妈妈中，只有一人经常与伴侣做爱。这真是惊人！不做爱的这种情况，正透露出你没有维护好伴侣关系。

我理解你对此事的反感。你累了。如果你在照看孩子，性爱有可能是痛苦的，因为你很可能比平常更干燥。你觉得全部的时间都贡献给大家了——这个时候，你不想要或是不需要做爱。如果你丈夫想，他就太差劲了。

那么，为什么我还是觉得你应该做爱呢？首先，请理解我不是建议你频繁做爱，甚至不建议每周一次。刚从分娩中恢复的时候，会有一个阶段不应该做爱，但是参加研讨会的女性数月之中都没有和伴侣做爱，数月啊！我知道这是一个大家都熟悉的状况。好像一旦宝宝降生，你自己的需求、伴侣的需求就都得靠边了，性爱就消失了。我不是夫妻关系顾问，也不是性爱治疗师，但不是专家的我也会知道，性爱是你向伴侣展现爱与柔情的方式。夫妻之间需要亲密，需要通过爱抚来表达。

爱玛金点子

经常和附近信得过的家庭轮换带孩子。这周你们外出，他们帮你照看孩子，下周换过来。我知道甚至有三个家庭一起轮换的。一对夫妇外出了，其他两家带着所有孩子共度一个愉快的夜晚。如果你还没有加入这样的托儿方式，现在就开始吧！

　　"嘿，你对我很重要，我们的关系对我很重要。"抚养孩子会在很多其他方面考验你们双方，所以你要保证婚姻是牢固的。这是基础。

　　如果你没有性生活，这可能是一个明显的迹象，表明小家伙的需求已经压倒了你的需要，也压倒了你的伴侣的需要。许多妈妈和宝宝一起睡（详见第3章），但如果这是你和伴侣没有性生活的原因，这就是一个问题。确实，如果有另一个人在床上，妈妈就很难把亲热的事放在第一位。更糟的情形是，妈妈和宝宝睡觉，而爸爸一晚接一晚地睡在客房。可悲的是，这是许多家庭的常态。

　　我的英国朋友汉娜非常认同依恋型养育的理念。这种理念鼓励父母与孩子同睡，使用婴儿背带，按需喂养。但如果在实际应用中走极端，这样的理念就否定了家长的需要。例如，汉娜在孩子出生后的整整一年，都和她的女儿一起睡，彻夜给孩子喂奶。整个第二年也是这样。汉娜的丈夫彼得有时也加入其中，但大多数时候他都睡在客房。美国好朋友告诉汉娜自己正在巴黎旅行，希望汉娜和彼得也能一起去度一个周末。汉娜说自己还在喂奶，不能离开孩子在外面过夜。朋友对汉娜很担心，告诫她说，她和彼得两人外出、娱乐、做爱是多么重要，无论是不是在巴黎。

汉娜与彼得商量了一起旅行的可能性，彼得欣喜若狂。看到他是这么兴奋，汉娜同意了此行。在接下来的几个星期，彼得高兴地开玩笑说他会如何躺倒在床，并把此行称为"滚床单的巴黎之旅"。

□爸爸：你是否关心妈妈？

即使你刚迎来新生儿不久，做爱的机会也是有的。你的性欲依然十分旺盛。然而当你向妻子发起暗示时，她看起来似乎是要扑灭你的火花，这让人难以理解，甚至让人受到伤害。但请不要放弃，再试试不同的方法。她累了。她可能觉得一整天都在满足大家生理和其他方面的需求，现在不是很有热情对付你的需求。应对这种反应的最佳方式就是做好思想准备，确保她的需要得到关照——确保她有适当的睡眠，有

> **爱玛金点子**
>
> 对于因找不到时间独处而苦恼的家长，问题经常出在孩子的睡眠习惯上。孩子需要的睡眠比家长多，所以晚上应该有时间让爸爸、妈妈独处。这是让孩子自己按时睡觉的众多好处之一。当家长意识到能有一整晚时间归自己安排时，一开始常感到失落，但是不要害怕——我肯定，如果你认真对待，一定能把时间安排好。

一些自己的时间，以及不一定是自己准备的健康饮食。你对她的照顾越多，就越有可能让她感到自己的性感，她就越能有精力留给性爱。

☐ **知果和伴侣都在家里，你们是否通过互动给孩子示范良好的伴侣关系？**

我第一次来美国是和一个叫马丁的家庭在一起。虽然他们的孩子现在已经快长成大人了，这个家庭仍然是我生活中很精彩的一部分。两位家长——温迪和格雷厄姆——关系非常好。他们互敬互爱，相携相助。他们的孩子不仅在对待父母时模仿他们的做法，在对待其他重要人物时也在模仿。我也看到过反面的典型。在那样的家庭里，爸爸不尊重妈妈，或是妈妈不尊重爸爸，孩子们就会觉得不尊重父母或其他人是可以接受的。一般来说，当妈妈和爸爸没有善待彼此，整个家庭的氛围都会是敌对的。在这样的环境中，无论是父母，还是子女，都很难感到快乐。

☐ **家里是否有欢乐？是否有很多实声和乐趣？**

对一些家长来说，说说笑笑很容易，其他家长——可能是多数，却过度专注于自己的待办事项表，或是忙于家务杂事，忘了珍惜现在的时光。要记住，今日虽长，但岁月如梭。你应该学会并习惯于撇开任务和杂事，听听音乐跳跳舞；你应该学会允许孩子犯犯傻，做做鬼脸，哈哈大笑，完全地轻松自在。你自己也应该这样做。让孩子看到你很开心，他自己开心时也会感到很安全。

□你是否享受为人父母的感觉?

作为父母,你不会永远都快乐,没关系。有时你会不知所措,也没关系——你是一个普通人!但是你是否经常有这样的感觉,而不只是偶尔?不快乐、不知所措的时候是否超过了快乐笃定的时候?我发现,很多人,尤其是妈妈,都很抑郁。这可能是因为妈妈们把自己的需求埋藏得太深了,她们甚至不知道自己多久没有开心大笑过。这种情况可能是因为挥之不去的产后抑郁症。虽然她们并不想如此,但这可能是一个长期存在的生理问题。我通过以下现象判断一位妈妈或爸爸是否抑郁:不碰孩子,不喜言笑,饮食习惯奇怪——不是过多就是过少,缺乏活力,没有能量,语气短促急躁。总的来说,他们好像在和周围的一切生气。

> **聪明父母这样做**
>
> 无论什么情况,哪怕有时很累,我和丈夫每周也都有一晚的约会之夜。我们还有傍晚5点到6点的"欢乐时光",这也是我儿子的"魔力时间"。他可以四处转悠,自己玩一会儿,这样我和丈夫可以聊一聊当天的事情。一杯葡萄酒会是上床滚床单的最后推动力!

如果你认为自己可能有某种程度的抑郁,你应该为了自己和家人认真解决这个问题。如果你的抑郁症很严重,你可能要去看医生。如果你只是感觉有点儿消沉,你可以出去走走,舒缓一下自己,也许这样可以帮助自己摆脱不良情绪。你可能会惊讶家里的情况会因此发生多么快的改变。请从孩子的角度想想看。如果妈妈从来不对他大笑、微笑或哄他，他会是什么感觉？如果他每问一个问题，父母都瞪他一眼，他会是什么感觉？这种状况会怎样影响他的行为？当你这样考虑问题时，你就会很明显地看到，你自己的幸福对家庭的和谐是多么重要。

□你是否有信心处理好孩子的各种行为？

如果你有信心处理孩子的所有情况，你就不会担心他，也不担心他的行为，你就会更积极地过你的日子，压力大大降低。我有一种万无一失的方法，可以判断父母是很有信心，还是害怕。我把它称为"奶瓶测试"。想象一下这个熟悉的场景：早餐时间，小米兰要了一些牛奶。你把奶倒入一个蓝色的吸管杯。这时小米兰把眼睛睁得大大的，喊叫着："不不不！我要粉红色的吸管杯！"你会：

A. 紧张起来，冲向粉色的杯子，生怕你还没喝上咖啡，小米兰就哭闹起来。

B. 平静地说："今天早上我已经把你的牛奶倒进了蓝色杯子，如果你午饭的时候提醒我，你就可以用粉色的杯子喝奶。"

如果你回答B，恭喜你！你通过了。一开始孩子可能会哭闹，这是事实。我们在第7章谈论行为边界与后果时，对此有更详细的叙述。自信的家长不担心孩子的哭闹。自信的父母知道，满足她更多的要求是不明智的。谁愿意多洗一只吸管杯？不要让你的孩子称王称霸，或是阻止你该做的事情。要知道，你能处理她朝你扔过来的一切，因为你是父母，她是孩子。明白这一点可以极大增强你的掌控力。力不从心的感觉以及被孩子的哭闹所摆布的感觉真是比什么都糟糕。

□ 你是否冷静？

保持冷静可以神奇地解决很多问题。我认识的一名家长，当她还没上学的孩子不听话时，她就扎进浴室，让自己镇静下来。几分钟后她出来时，笑容满面，语气平静（尽管她的情绪并没有完全平复）。孩子们好像被施了魔法，恢复正常了。其实并没有什么魔法，就是妈妈的声音不再那么尖锐，以微笑代替在孩子们额头上的敲打。你的平静向孩子表明，你在掌控一切，一切都很好。如果孩子感受到大人的焦虑，他们也会变得焦虑。出于所有这些原因，如果你需要从育儿任务中休息片刻，给自己放一会儿假是非常适当的!

□ 你能否确保自己不是一切围着孩子转？

一位朋友最近问我应该如何照顾她的新生儿和另一个大些的孩子："如果他们俩一起哭，我该怎么办？"答案显而易见：必须先照顾一个，让另一个等着。不过我觉得更有意思的是，她会首先想到这个问题。这位朋友最近加入了一个二胎妈妈小组。小组中的每个人几乎都有这样的问题。这个问题揭示了我们的育儿思维已发生了多么大的变化——我们不能看着孩子受委屈。但父母也要知道的是，我们不可能让他们永远都不受委屈。如果家里只有一个孩子，不让孩子受委屈可能还行得通（虽然我认为这样做工作量太大，而且没有必要）。但如果是两个孩子，肯定不行。最重要的是，事事都给予满足，对孩子并不好。

当我听到新妈妈说她们连洗澡的时间都没有时，我都快疯了。她们当然可以洗澡！她们需要洗澡！

爱玛金点子

学习如何辨别孩子的行为对你已产生影响的迹象：你是否慌乱？是否紧张？你的声音是否严厉？确保孩子没有安全问题的前提下，去别的房间，或者只是待在门外。如果孩子发脾气，不要在乎。让他的行为影响他自己，而不是你。深呼吸10次。伸展一下身体。如果有必要，给朋友打电话倾诉一下。退出压力现场会令人解脱，哪怕只是片刻，都能改变你一整晚的心情，孩子也一样。

如果没有人帮着照顾宝宝，可以把他放在摇椅上和你一起待在浴室，可以边洗澡边给他唱歌、和他说话。如果他哭一两声，别担心，他很快就会没事的。其实，哭对孩子很重要。我们会在第3章里讨论，听孩子哭是了解哭声的重要组成部分。

从孩子一降生，我们就开始担心他是不是不舒服。这种焦虑会一直持续到他们长大。孩子4岁时，你们去动物园玩，他想要喝水，你丢下一切去给他买水，生怕他渴着。孩子10岁时，拒绝吃晚餐，你晚上9点钟让他吃零食，生怕他饿着。我们必须学会适应孩子有感到不舒服的时候。想象一位25岁的求职者，从来没有体验过等待或是不适的感觉，他会具备成功的能力吗？他能理解这个世界不是绕着他一个人转的吗？如果这还不足以使你更加关注自我，那就想想每次孩子喊"跳"的时候，你回答说："好吧，要跳多高？"想想那种情况给自己增加的多余的压力吧。

□事情不顺利时，你是否会原谅自己？

照顾好自己，其中的一部分含义就是善待自己。育儿是件辛苦的事。你总觉得自己可以有办法做得更好，就像总有洗不完的衣服和做不完的家务。我曾经因为沮丧，在我照顾的孩子面前哭泣。虽然我确实把很多孩子调教得很好，但是当我调教我的狗狗时，我失败了！那条只有6磅重、绒线球一样的小狗总是绕着我跑个不停！这一切表明，越是自己身边的问题，就越难处理。

如果你是那种对每个挫折都左思右想、犹疑不定、放心不下的父母，为了自己和孩子，帮自己一个忙，放松一下吧。让他们知道你不是超人，实际上，这对你再好不过。

现在，想象一下这个场景：你已经度过了地狱般的一天，孩子越来越不听话。老公又刚打电话来说他要加班到很晚，所以貌似你还要再坚持好几个小时，可你早已筋疲力尽。你会：

> **聪明父母这样做**
>
> 我如果到了极限，会给自己灌一杯苏打水，配一个青柠或黄柠，感觉就像过了一个迷你假期。

A. 继续按正常的安排进行。饭还是自己做，洗澡还是在原来的时间进行。

B. 让自己偷个懒。订个外卖正好适

合今晚，洗澡推迟到明天。

正确答案是 B。善待自己的方式之一就是在需要的时候放下高标准，当你需要休息片刻时，就给自己片刻闲暇。

□ 你是否愿意寻求帮助？

我们太过关注他人对自己的评价。为了不让孩子出状况，我们塞给孩子一根棒棒糖。如果允许孩子在超市发脾气，收银员会觉得我们的孩子太任性，会认为我们做父母不合格。我们不希望别人认为我们管不了孩子，不想让别人觉得我们的孩子不够出色，所以我们克制着自己，不会告诉别的父母"带孩子真难"。过去家长们会互相支持，如果爸爸、妈妈陷入困境，邻居会伸出援手。而现在，我们在孤立中养育孩子，只把最美好的一面展示给他人。这种状况必须停止。

要学会寻求帮助。首先，要向朋友坦承你的难处，鼓励他们对你以诚相待。找到对困难最开诚布公的那些人，和他们建立联系。如果你看到一个妈妈正在为她蹒跚学步的孩子感到烦恼的时候，请给她一个善解人意的微笑，告诉她你也有过同样的经历，你可以理解。她没有用棒棒糖来阻止孩子的哭闹，说明她其实是一位不错的家长。关心自己和出色的育儿表现都始于相互支持的社区。我们都可以发挥作用，使我们生活的周遭多些坦诚、少些批评。

关于摇晃孩子

我们一般很少讨论所谓摇晃婴儿的话题，除非丑恶的报纸头条新闻引起大家的关注。这个主题是一个忌讳。但我想改变这种状况。大家需要倾诉带孩子的种种挫折，特别是新妈妈。但是讨论如果涉及对母性的矛盾感受，社会是不接受的。但是妈妈们需要这种讨论。妈妈们需要一个给予她们有力支持的人际网络，在这个网络里，她们无论说什么都不用担心被评判，这样的人际网络会极大地帮助妈妈们保持好心情。

对于育儿的艰难，我们需要更加坦诚。从来没有人帮助你了解育儿中的重重困难，并让你有所准备。某种程度可能是因为不好解释。大家很容易就忘掉了孩子出生头几周的状况。还有一部分原因是整个社会的大环境都是在庆祝孩子出生的美妙，没有人谈论那些不够美妙的部分。相反，大家互相攀比着谁最幸福，谁最满足。我们应该接受家长们相互打电话说："这可真难。其实我现在真的没办法了。"我们应该接受妈妈说："我想我一定会成为一个伟大的妈妈，但我对小婴儿确实不太兴奋。"我们需要坦诚相待。

我还认为，要让大家感到有权让自己的孩子哭。我不是建议你忽视你的新生儿，经常安慰婴儿对培养他的安全感和依恋感都很重要。

但当你独自一人带孩子，他已经哭了好几个小时，你试了所有的办法都不起作用时，请把他放下，暂时请人照看着，然后离开房间，深呼吸。请记住，被婴儿搞得疲惫不堪是人之常情。不要害怕让他独自哭泣，否则你会发疯的。

这并不是什么社会经济或文化的问题。我有一个朋友做过很多年的保姆。她对我说，虽然她认为自己不会摇动孩子，但在她想办法安抚尖叫的婴儿时，她就明白事情是如何发生的了。另一位三个孩子的妈妈，虽然孩子都已长大，但她至今仍清晰地记得孩子的哭声带给她的失败的感觉。对她深爱的宝贝，他们苦恼时她却只想让他们闭嘴。她被自己逐渐失控的状况吓坏了。她不明白自己怎么会有这样可怕的想法。**有这些感觉并不意味着失败**。在你疲惫而又沮丧时，一点小事就会让你处在崩溃的边缘。换句话说，谁都有可能摇晃宝宝。如果我们对导致问题的原因保持沉默，社会对这个问题的承受力就会非常脆弱。

还需要提醒家长的是，有些婴儿非常难带，但并不意味着他们是"坏"孩子。我们对"哭闹"有太多的批评。很多妈妈对别人家乖巧的孩子羡慕不已，觉得自己的孩子似乎只会尖叫。现实情况是，有些婴儿有肠绞痛、胀气等各种各样的问题，所以时常哭闹。幼儿、学龄儿童，包括青少年都可能有类似的问题。每个孩子都有自己独特的问题，但这些问题都会在成长的过程中得到解决。请提醒自己把眼光放长远。

沟通中最大的问题，是认为已经沟通好了的假象。

——萧伯纳

第 *2* 章

国王的演讲

沟通

问题清单

☐ 孩子很少发脾气，还是经常发脾气？

☐ 孩子在家也像在学校那样注意听别人说话吗？

☐ 孩子是否听得见并关注你的要求？

☐ 你是否常说这七句最重要的话？（我爱你，对不起，是，停，请，谢谢，我知道你可以做到）

☐ 对你期望或不期望的行为及原因，你的指示和说明是否足够具体？你有没有解释行为的后果是什么？

☐ 你是否事先跟孩子说明你期望的行为？

☐ 你是否尽量避免发号施令？

☐ 你是要求孩子去做事，还是请求？

☐ 你选用的词语是否让孩子感到把责任交给了他自己？

☐ 你表达的是否是你的真实意思？

☐ 你是否尽量避免自己的语气过于强硬？

☐ 你和孩子说事情的时候，身体是否靠近孩子？是否和他有眼神接触？

☐ 你的肢体语言是否与你说的话保持一致？

☐ 你是否会和孩子沟通活动之间的过渡安排？

☐ 如果你的孩子很小——婴儿阶段或刚刚学步，你是否跟他说话，并确保他能明白？你是否告诉他发生了什么事情、原因是什么？

☐ 你是否给孩子提供不同的选择？

☐ 你使用的概念和语言是否符合孩子的年龄特点?

☐ 你是否尽量避免提重复的要求，避免孩子生厌?

☐ 孩子是否愿意和你交谈? 你是否愿意倾听孩子的话语并做出回应?

☐ 你是否注意观察孩子的肢体语言?

☐ 你是否等孩子平静下来后再和他沟通?

☐ 你是否鼓励孩子有事不要哭，而是要和你说?

☐ 大人们的教育观念和行为是否一致?

我曾共事过的一个家伙特别能惹我不高兴。我在和他发生冲突后生着闷气往家走时，经常停下来想，到底哪里出了问题？他到底说了什么让我这么烦恼？反思他说的话和他要求我做的事，我发现情况并没有那么糟。但是他的沟通方式让我很抓狂。他那种盛气凌人的语气让我非常反感，什么事都不想为他做。

　　大多数人都有类似的经历。无数的领导力和关系管理的书籍和讲座专注于沟通：沟通是多么重要，错误的沟通是多么常见。如果沟通很简单，就不会需要这么多的书籍和讲座了！**在商业和婚姻领域，我们为改进沟通方式投入了大量的精力，但是在需要同等关注的亲子沟通中，类似的投入并不多见。**

　　本章中的第一个好消息是，良好的家庭沟通的结果是很容易看到的——有很多机会能让人立刻得到满足。第二个好消息是，我不是在建议你把一切都推翻，你只需做一系列的微调就可以。如果你已经在以某种方式和孩子沟通，但沟通还不够有效，有时只需一个小小的改变就能获得想要的结果。举例来说，曾和我一起工作过的一位爸爸，他说的话都有道理，但是他的声音听起来没有控制力和权威感，所以他儿子不听他的。我让他练习说话的语气：有控制力，很自信。另一位妈妈说的话也正确，口气也正确，但她是背对着女儿说的，女儿体会不出命令的重要性。唯一要做的就是让妈妈转过身来。另一种经常发生的情况是，孩子常常从父母那里接收到矛盾的信息。因为父母间不交流，其中一方使用的沟通方式再好也没有意义。有时孩子从同一位家长那里得到的信息也是前后矛盾的。家长在严肃管教的同时又去拥抱他，为他抹去泪水。一些小小的调整就可以解决所有这些问题。

如果没有关于沟通的章节，这本育儿书是不会有用的。如果没有良好的沟通，你该怎样处理之后章节要讨论的睡眠、饮食和礼仪问题？沟通的话题贯穿之后的每一章。它是你成功的内在因素。父母如何与孩子沟通以及孩子如何与父母沟通，能够展现出家庭成员相互尊重的水平。虽然起初你可能要花很多精力来改变你在选词、语调和肢体语言等方面由来已久的习惯，但良好的沟通习惯终会成为你的第二天性。它创造出神奇的改变，就像你撒出了仙灵粉一样。

□ 孩子很少发脾气，还是经常发脾气？

发脾气是沟通路径被关闭的明显警示。当然，每个孩子都有脾气，一个爱发脾气的孩子并不意味着你的沟通有问题。但是，如果孩子经常发脾气，这就是一个重要信号。他为什么经常发脾气？他是在寻求关注？他感到很沮丧？他无法表达自己？如果是这样，为什么？继续看下去，让我们看看问题到底出在哪里。

□ 孩子在家也像在学校那样注意听别人说话吗？

如果有家长因为孩子在家里的表现如同噩梦而寻求我的帮助，我通常会要求家长详细描述一下孩子在学校的行为。他在学校认真听别人说话吗？如果答案是否定的，问题就更大了。如果答案是肯定的，很清楚他可以好好表现，只不过是故意在家里放肆。这表明家中缺失了某些东西。

这些信息至关重要，它帮助我把调查的重点放在家里，搞清楚发生了什么以及发生的原因。

□ 孩子是否听得见并关注你的要求？

我会观察孩子在父母说话时是否会做出回应。有时候孩子不回应，只是因为他没听到。妈妈在楼下大喊时，或许他的房间里正放着音乐。这样的问题很容易解决。但是，"你的孩子是否关注你的要求"这一问题非常误人子弟。家长们大概都曾这样想过：如果我再跟他说一遍把外套穿上，我就要爆发了！这里有一个关键问题，就是父母应该有合理的期望。没有孩子会100%的时间都听话。比如，如果你要他们说谢谢，他们80%的时候都做到了，这就很棒了。他可能永远都达不到100%。这没关系。

我们都知道，如果告诉4岁的小女孩，让她自己穿好衣服去幼儿园，大人一定要反复指导，只是简单地告诉她把衣服穿上还不够。在这里，日程表能起到很好的作用。我将在第6章对此进行讨论。日程表也能帮你确保你所要求的是孩子有能力做到的。也许一开始你只是要求她脱掉睡衣，你已经见她做过很多次了，知道她可以轻松完

> **爱玛金点子**
>
> 可以运用一些倾听技巧训练孩子听话。例如跟孩子玩经典的"电话"游戏。让全家人站成一条线。从一头开始，第一个人向第二个人用耳语说出一个词，这样一直传到最后一个人，然后由最后一个人大声说出他听到的词，看看是不是和第一个人说的一样。孩子会很喜欢这个游戏。

成。然后你可以说："我知道你想去玩其他东西，但你要穿好衣服才能玩，要不什么都不能玩。"如果你看到她四下乱看，你应该说："专注穿衣服！"然后愉快地帮她穿好。

假设这项任务跟孩子的能力水平相匹配，孩子就可以接受你的要求。如果她不听话，可能有其他原因。清单上的其他问题会帮助你缩小问题的范围。

> ### 爱玛金点子
>
> 我有时会假装轻松对待不听话的孩子，而不总是那么严厉。我会说："呀，小雨不听话。他的耳朵去哪儿了？"他会说："我的耳朵在这里，你看呀！"说话时他会抓着自己的耳朵。然后我会说："真奇怪！我正担心你把它们搞丢了，或是忘在幼儿园了呢。既然你找到耳朵了，你能不能过来坐下吃饭？"有时候我会换一种说法，假装担心孩子的耳朵里长了西蓝花。这样的做法会让孩子注意倾听。

☐ **你是否常说这七句最重要的话？（我爱你，对不起，是，停，请，谢谢，我知道你可以做到）**

我会注意倾听父母是否会常说以下这七句简短的话，因为它们传达出一个有意义的世界。

1. 我爱你

美国人更爱说"我爱你"。美国人似乎很明白所谓无条件的爱是不能想当然的。他们明白，我爱你这件事需要互相表达。儿童需要你表达出爱意，这样他们才能感到安全并茁壮成长。所以请展露你的爱，说出你的爱，沟通你的爱。

2.对不起

总有一天你会对孩子发火。说自己从不对孩子发火的父母不够诚恳。这样的事情总会发生，没关系。但你必须道歉："我为我的反应感到很抱歉。"你也可以说："我今天很累。这不是你的错，我冲你发火一定伤害了你的感情，对不起。""对不起"是非常强大的表达方式，因为它示范了同情心和责任感，它让孩子知道你是不完美的，不完美没有关系。人类是有缺陷的，这是正常的。有些孩子需要更多地听到"对不起"这三个字。他们也不需要永远完美。

3.是（多于"不"）

如果有人不断地对你说"不"，你要学会躲开他们。我们天生就更想听"是"而不是"不"。如果你经常对孩子说"不"，或者"你不能做这个，不能做那个"，那么孩子就不再听你的了。只要有可能，尽量回答"是"，不说"不"，即使你想让孩子那样做而不是这样做。例如，晚饭时间快到了，孩子问他是否可以玩某个玩具，你可以说："是的，晚餐之后你就可以玩了。"如果你说"不"，（不要误会我的意思，"不"是一个非常重要、非常强大的词语，是孩子在生活中必然要经常听到并需要执行的）要给出一个充分的理由："不，你不能碰烤箱，因为它很热，会烫伤你。"

4.停（为了保护）

我工作过的一个家庭住在一条小路上，旁边是繁忙的大马路。这家的小女儿习惯跑到大路上去玩，父母对她大声喊"停"的时候，她并没有往心里去。这是一个很大的问题，因为"停"这个字是保证孩子安全的关键字。你一定要小心，不要过度使用这个字。当你喊停的时候，必须说停孩子就能停。

5. 请

和第5章要讨论的礼仪一样，说"请"表现了你对孩子的尊重，示范了你希望他对待他人的方式，包括对待你！

6. 谢谢

对孩子说"谢谢"会让孩子觉得被感激、被关注。感激的重要性得以强调，强化你希望看到孩子的行为。如果孩子做得很好，比如不用提醒就能把盘子里的菜都吃完，你却不说"谢谢"，他就会觉得自己只有表现不好的时候才会引起你的注意。

7. 我知道你可以做到

假设你五六岁的女儿第一次去上游泳课。和其他孩子站成一排的时候，她紧张地看着你。你可以有几种回应：

A. 纵容她，对她感受到的焦虑予以庇护。

B. "我知道你可以做到。"通过言语和肢体语言给她信心。

C. 告诉她不要害怕，没什么好怕的，只需跳进水里就行了。

当然B是正确选项。"我知道你可以做到"为孩子注入了信心。这句话增强了孩子的独立性，鼓舞了孩子。它是A与C最好的调和。这句话既表明你知道她的焦虑，又帮助她树立了信心。两者的结合是很有威力的。

□ 对你期望或不期望的行为及原因，你的指示和说明是否足够具体？你有没有解释行为的后果是什么？

在我3岁的时候，有一次，外面正在下雪，妈妈让我做好外出准备，我却没穿衣服在屋子里乱跑。我跑回我的房间转了一圈，"做好准备啦！"我这样想着，然后跑到门口准备出去玩。我戴着帽子、围巾和手套，其他什么都没穿。听到这里，你觉得好笑吧？这个故事包含着重要的一点，就是你和孩子说话的时候，不能像跟大人那样言简意赅。你不能简单地说"准备好"或者"不要碰"，不要以为孩子知道你在说什么。为此，我希望家长们能养成以下的沟通习惯：

1. 什么

告诉他们不能做 X，并具体说明 X 是什么。不要说"不要碰那个"，请说"不要碰炉子"。对于你要求的行为，你可以说"请穿上裤子、袜子、鞋子和衬衫"。

2. 为什么

解释一下"炉子很热，会烫伤你"，或是"我们要出发去幼儿园了，所以你要穿好衣服"。

3. 结果

孩子们如果知道自己行为不当会产生什么后果，他们就更有可能与大人合作。例如，你拿出了彩泥，你可以说："彩泥要放在桌子上玩。如果不在桌子上玩，你就要把彩泥收拾干净，今天也不能再玩了。"

很多父母只是说简单的命令："不要那样做！"我帮助

过的一位爸爸过去习惯于在饭桌上不停地冲孩子叫喊，但是叫喊之后，孩子意识不到任何具体的规则。孩子乱扔食物，爸爸会说："住手！"孩子乱敲勺子制造噪音，爸爸就喊："打住！"

爱玛金点子

和孩子沟通你的要求时，让孩子也参与沟通过程。和他讨论你的要求，和他一起做个标志贴在冰箱门上，或是其他明显的地方。让他给这个标志做装饰，还可以让他决定贴在哪里。用这个标志来提醒他你的要求是什么，同时也提醒你自己！

他只会大喊大叫，真的。他没有向孩子解释该遵守什么规则，为什么不能那样做。他应该说："比利，不要乱扔食物。这种行为很不好。桌子上乱七八糟的。你要是再扔一次，我就把你的饭端走。"

让我们再看一个经常在公园里发生的例子。米兰在沙坑里玩，向另一个孩子扔沙子，你不要简单地说："不许这样！"你可以这样说："米兰，不要向小瑞扔沙子。沙子会进入他的眼睛，他会很疼。你可以用你的小桶装沙子玩。如果你再向小瑞扔沙子，你就不能玩沙子了。"如果你的孩子大一些，会说话，让他重复你的要求，你就知道他是否已经明白。如果在你解释了你的要求之后，孩子表现得很好，你要告诉他，他能好好地玩沙子，你是多么开心。这会鼓励他听你的话，好好表现。**请记住，孩子都想取悦父母。**

□ 你是否事先跟孩子说明你期望的行为？

请养成事先沟通的习惯。在做某个特定活动之前，给孩子解释你的要求以及原因是什么。如果你没有明确表达

爱玛金点子

在提前和孩子沟通时，尽量不要使用负面语言。通常的原则是，不要说："我不希望你在餐厅里四处乱跑，大喊大叫。"这样的指示可能会把错误行为留在他的头脑里。不过，如果你的孩子极有可能在餐厅里四处乱跑，大喊大叫，你就需要事先指出这些错误行为，告诉他这样做的后果。"无论什么情况下你都不能四处乱跑，大喊大叫。如果你这样做了，我们就会离开餐厅。"如果你向孩子说明了后果，你一定要准备好执行这个后果，并且也要避免孩子折腾的最终目的就是离开餐厅。这样的话，他可就赢了！

你的期望，孩子没有达到你的期望，你又反应过度时，会给孩子造成混乱——他并不是天生就知道该怎么做事。生日派对之前，晚宴之前，或者去杂货店之前，用积极的方式说清楚你的要求。这种方式可以非常有效地让孩子做出恰当的行为。所以，你可以说："我们很快就会进入餐厅。我希望你能好好地坐在桌旁。我希望你的腿放在桌子下面，我希望你能守规矩，好好地吃你的晚餐。"

□ 你是否尽量避免发号施令？

很多父母都为命令孩子而感到内疚，如"穿好衣服""梳好头发""清理这些玩具"和"住手"都是很强烈的命令话语，通常在你感受到挫折或愤怒时说出。回想一下你最近一个工作日的早上。你给孩子穿好衣服，给狗喂了食，给家人做好了午餐，收拾好屋子，做完这一切，你感觉自己更像是一位战地指挥官，不是一位充满爱心的家长。这完全可以理解，当你需要在短时间内完成一大堆任务时，首要条件是要大家都专心听话。问题是，当孩子听到命令时会很反感，更有可能不响应你的要求，更容易与你发生争论，从而耽误了时间，加重了家里的紧张气氛。所以，下一

次你想让大家尽早出门的时候，请注意你的语气和措辞。多说一个"请"字只需要一秒钟，改变语气就更不需要时间了。你会发现这其中的差异有多么明显。我敢打赌，你们出门的速度会更快，争论会更少。把命令留到你真正需要的时候，留到你无计可施、必须立即出门的时候。命令用得越少，在你最需要的时候，它的威力就会越大。

□ 你是要求孩子去做事，还是请求？

我当年看过很多美国犯罪剧，所以知道质证的基本原则是"不要去问你自己没有答案的问题"，不要问"你该去刷牙了，行吗？"因为孩子可以说："不，不行。"你可以这样说："请去刷牙。"毕竟你不会说："我们过马路时，你能握住我的手吗？"这显然不是一个请求，而是一个命令。

很多家长在要求的时候用的却是请求的方式。但是，

如果你确实有一个请求，比如"你愿意帮我烤蛋糕吗？"这样问自然可以，但是准备好孩子说"不"，并且能接受否定的回答。这是一个必要的小调整。

□ 你选用的词语是否让孩子感到把责任交给了他自己？

和语气的运用一样，改变措辞不需要额外的时间，效果却非常显著。你不要说"我要你帮我清理它"，而要说"你要不要我帮你清理它？"通过后者，你把责任交给了孩子，而不是你自己。在教育孩子时，你也可以使用同样的语言技巧。你不是说"请整理你的房间"，而是说"你的房间太乱了，你有什么打算？"你总是希望你的孩子有自己的想法，那就让他参与到计划中，给他责任的同时，也给他一些权力，这样他就更容易配合你。

□ 你表达的是否是你的真实意思？

无论何时，我告诉一个孩子要做某事的时候，我知道他一定会去做。这种确定性来自我的声音。这并不意味着我能肯定他会这样回应我："当然，爱玛！我很乐意！"这意味着我知道，为了实现我的要求，我不得不帮助孩子移动他的身体或是四肢，但我要求的事他一定会去做。我的信心来自于我的要求。我听到过爸爸、妈妈对孩子说："宝贝，去游乐场之前，先去马桶上坐一会儿吧。"如果用这样的方式和孩子说话，我知道他们一定屏住呼吸，希望孩子乖乖听话，不会和爸爸、妈妈争辩。也许父母提高了音量，就好像不是在征询孩子的意见，其实依然是。或者父母的声音没有力量，如果孩子拒绝，他们就打算放弃。孩子是听得出来的。孩子们在体会语气上都很聪明。但是，如果爸爸、妈妈可以肯定无论哪种方式，孩子都会在出门之前坐到马桶上，孩子就会做到。同样的方法也可以用于制止孩子的不良行为。"哦，请不要泼水，宝贝"，要变成"不行，你不能泼水，会把这里搞乱的"。

总之，你必须掌握主动权。你一定要明白你是家长，孩子要照你说的去做，如果他们不这样做，你会处理。你不用害怕他们会承受不了，所有这些都会从你的语音、语调中透露出来。

□ 你是否尽量避免自己的语气过于强硬？

正如儿童会从大人的语调里听出软弱，他们也学会了故意大呼小叫。我曾经工作过的一个家庭，这个家里没有人和别人正常说话。要紧的事，他们大喊大叫；不要紧的事，他们也大喊大叫。妈妈快被大呼小叫的孩子搞疯了，再加上大人的大喊大叫，搞得她持续地头痛。其实，这个家庭中所有成员都需要调低音量。因为他们已经忘了怎么倾听，所以他们引起别人注意的策略就是提高音量。在这个家里待上一个小时，我就准备跑进山里好好安静一阵。

在另一个家庭中，一位非常优秀的爸爸也习惯于冲孩子吼叫。他深爱着自己的孩子，但他认为要用军队教官的做法才会让孩子尊敬他。错！这种做法只会导致男孩充满戒备心，甚至偶尔会完全不听爸爸在说什么。孩子不听爸爸说话，爸爸只能咆哮得更厉害。像刚才那个喜欢大喊大叫的家庭一样，咆哮成为一种习惯、一种标准行为。

我们已经讨论过，优柔寡断和软弱是不行的。但是太过强人所难也不起作用。你一定要冷静、自信，能控制住局面。大喊大叫说明你已失去了对孩子的控制，孩子们会感受到这一点。还记得第1章里那位妈妈去浴室里稳定自己的情绪之后，孩子也跟着平静下来的例子吗？当孩子感觉到父母的压力时，容易做出更加出格的举动，而不是更加听话。当孩子感觉父母很平静时，就会变得乖巧听话。

□ 你和孩子说事情的时候，身体是否靠近孩子？是否和他有眼神接触？

身体上的接近带来的变化令人惊叹。和孩子说事情的时候，不要坐在高凳子上，不要在两个房间。蹲下你的身体，看着他的眼睛，并要他也看着你的眼睛。如果你的孩子不到3岁，他可能还无法直视你的眼睛。但是到了4岁，他应该能够跟你保持目光接触。身体接近并不意味着每一次你说"你早餐喜欢吃麦片还是烤面包"时，都需要穿过房间，低身到孩子的高度。但对于重要的话题，比如要说"不"的时候，或者在一个孩子特别不配合的早晨让孩子与你合作时，你必须把自己的高度降低到与孩子差不多高——往往是在1米左右。

□ 你的肢体语言是否与你说的话保持一致？

教育孩子或者说重要事情的时候，抚摸孩子会给他肯定，但不要搂抱他。注意让你说的话和你的肢体语言保持一致。你告诉孩子他的行为不可接受的同时，却对他又是拥抱又是亲吻，教育是不会奏效的。我知道克制自己不给孩子擦眼泪很难——你当然可以擦去一些眼泪，但你必须每次只专注于一件事。首先是纪律，这是必须坚持的。不要把你的话语同爱、情感联系起来，否则会混淆这些话语的重要性。矛盾的信息会让孩子觉得，如果他做错事，他只要大哭就可以得到拥抱。

□ 你是否会和孩子沟通活动之间的过渡安排？

让比较小的孩子从一项活动转去另一项活动时，往往会有困难。如果你停下来想一想，这是有原因的。你是发号施令的大人，孩子则处于弱势。想象一下，你正在吃早饭，突然有人走进来，把你从椅子上拽起来说："快去上班！再见！"你会有怎样的感受？你肯定会大发雷霆。你需要时间从一个活动调整到另一个，孩子也一样。

如果你的孩子刚学说话，过渡的方式可以是给他一点控制权，并且告诉他该说什么样的话。你可以说："你是不是想多玩一分钟再走？你可以想想该怎么问，而不是在地板上躺着。"对于年龄较大的孩子，你可能更坚决一些。如果快到洗澡时间了，你却发现你的儿子还在醉心于他的玩具火车，你可以说："还有5分钟，我们要洗澡了。"然后提前一分钟提醒他。同样，如果一个孩子习惯于一定的时间表，时间表一旦发生改变，要和孩子沟通这种变化："因为我们约了医生，今早我们不能像平时那样去公园。你可以在这里玩一会儿，然后我们一起去看医生。你可以带上你最喜欢的熊宝宝，到候诊室里玩。然后我们回家吃午饭。"沟通一下活动之间的过渡安排，帮孩子换换挡，会避免很多哭闹。

□ 如果你的孩子很小——婴儿阶段或刚刚学步，你是否跟他说话，并确保他能明白？你是否告诉他发生了什么事情、原因是什么？

家长常犯的一个错误是低估孩子的理解能力。我见过1岁的孩子在浴缸里站起来，爸爸告诉他站起来不安全，要他坐下。于是孩子坐下了。你和宝宝一起时，也要做到同样清楚明白的沟通。想想如果你是他，你会感到多么弱势。即使对于非常幼小的孩子，父母也应该说："我要给你换尿布了，因为尿布已经脏了。""我们要去超市买吃的。""我要把你抱起来了。"要不断地和孩子说话，给他们机会理解你。他们将会在你的言语和行动之间建立起联系。

□ 你是否给孩子提供不同的选择？

孩子们想知道为什么他们会去这里、去那里，因为这让他们有控制感。同样，他们也想要有选择权。事实上，为他们提供选择是非常好的沟通方式，他们可以因此知道在发生什么事情，同时与你分享一部分权力。你可以问："你晚餐想吃西蓝花，还是青豆？""你是想换睡衣之前刷牙，还是之后刷？"对于大多数孩子来说，两个以上的选择就太多了。所以保持两个选择就行了。

□ 你使用的概念和语言是否特合孩子的年龄特点？

在喜剧小品《波特兰人》中，着急的父母和他们4岁的孩子坐下来，向他解释为什么让他进入最好的幼儿园非常重要。他们给他展示了一份详细的图表，说明他进入幼儿园后，他的生活会怎样，包括常春藤名校的学位、高薪的工作以及某个特定类型的汽车。然后，他们又给他看了一幅图表，说明如果他不进入幼儿园，他的生活轨迹会怎样。这部喜剧小品有很多有趣的地方，但其中最重要的是，那张图表是如此复杂，如此明显地超出了孩子的理解力。虽然这是讽刺，但这讽刺来源于事实。父母往往期望孩子能掌握那些完全超越其能力范围的概念。

让我们假设你4岁的女儿因为她的生日庆祝会而过度疲劳，而你也能感觉到因为派对结束了，她不再是大家关注的焦点，她很失望。无论出于什么原因，她对你粗鲁、不尊重。你会：

A. 忽视她的行为，径自走开。

B. 延长你们的谈话，和她谈论她的感受和你的感受。

C. 告诉她你知道她现在不高兴，需要自己待一会儿。等她准备好了，再向你道歉。

正确答案是 C。不要忽视不尊重他人的行为。谈话不要感情用事，那更适合出现在某些电视节目中，不适用于一个4岁的孩子。如果你说："我知道你很失落，但你不能因此粗鲁地对待妈咪。"这样就很好了。但是，到此为止——等她到了十几岁时，再和她谈感受，并且要简单明了。

爱玛金点子

孩子不喜欢无聊。如果你的孩子拒绝做一些家务杂事，比如摆桌子，你不要说上五遍（这已经太多了）。你可以说："我需要你来摆桌子。这是我最后一次叫你做。如果你不能把耳朵找回来，你就一直坐在地板上什么也别做。"你并不是给他们休息的时间，你是在给他们机会去选择，是无聊地待着，还是去做你要求的事情。但是要小心：孩子极其聪明，他们可能会假装肚子疼、要求吃东西或是假装受伤。你若是参与其中，他就不感到无聊了，而你，我的朋友，就成了他的娱乐项目了。

□ 你是否尽量避免提重复的要求，避免孩子生厌？

请原谅我把孩子和狗放在一起比较。狗狗训练中有一条很好的原则对孩子同样有效。如果你告诉你心爱的小猎犬"来吧"，它没有听，你又说一遍"来吧"，它还是没有听，于是你再说一遍，它就学会不听你的话了。因为它不听话时，你只会一遍遍地重复你的指令，所以以后你叫它，它就不需要过来。教练会建议你只叫一次。如果它不过来，就走到它那里，用手把它拉到你叫它过去的那个地点。同样的战术也适用于孩子，因为孩子也会对你充耳不闻。虽然我可能会对非常小的孩子或是理解有困难的孩子重复我的话，但总有一天，我会只说一遍我的要求。我可能会说："罗比，请坐到马桶上。"如果他没有坐，我继续说："罗比，等我数到3的时候，如果你还没有坐到马桶上，我就会帮你坐上去。"然后你必须坚持到底，抱起他，把他放在马桶上。

□ 孩子是否愿意和你交谈？你是否愿意倾听孩子的话语并做出回应？

孩子不能打断你说话，你也不能打断他说话。孩子和你说话时，你要表现得很有兴趣，点头表示你在听，说一些这样的话："我明白了。""嗯，不开玩笑！""真的吗？哇！"

孩子想和你交谈的时候，要能找到你。如果在孩子需要你的时候，你不能及时给予关注，你要让他知道，你很想听他说，但是要过一会儿，要告诉孩子具体时间。你可以说："我很想听听你今天学到的歌，但我必须先去洗衣房。等我做完了，你给我唱这首歌吧。"然后，一旦你做完了你该做的事，就去找孩子，要他为你唱歌。

让孩子愿意找你交谈，意味着你需要在全天安排中留出时间段，欢迎孩子前来沟通。吃饭、洗澡、穿衣等孩子依赖你的帮助才能进行的时刻，是跟孩子交谈互动的绝佳机会。但是不要仅限于此。最后，让孩子愿意找你交谈，还意味着你和孩子的谈话中要相互交换意见。你们的谈话应该你来我往，就像打乒乓球一样。看到连幼小的婴儿都能够——并且喜欢——参与到来来回回的交谈中，这情景总是让我很着迷。他们喜欢咿咿呀呀，然后等着你也咿咿呀呀，然后他们再咿咿呀呀。我们天生就想要平等地交流，所以你一定要确保你在说话，你在倾听！

□ 你是否注意观察孩子的肢体语言？

父母都非常善于观察孩子的一举一动。从眼睛能看出他已经准备要睡觉了，或者从孩子紧张的腿部运动中，看出你五六岁的孩子要上厕所了。不管什么情况，永远都不要停止学习孩子的身体语言。如果孩子跟平常相比没那么有精神，并且眼睛向下看（或是你的孩子特有的其他线索），你应该指出来："你一直在向下看，看起来似乎不太舒服。你现在感觉如何？"沟通是交谈，更是倾听。在评估孩子的需求时，既要倾听孩子语言中的线索，也要观察非语言线索。

爱玛金点子

肢体语言是你读懂孩子的重要沟通方式，让孩子学会读懂自己的身体信息也会很有帮助。培养这一技巧需要时间，什么时候开始都不会为时过晚。"你的身体感觉如何？"就是简单有效地问问题，引导孩子关注身体上有什么变化。如果你感觉到他饿了，你可以说："你是不是觉得肚子空了？"如果他看起来筋疲力尽，那就和他坐下来，引导他倾听身体在说些什么。"你的身体是不是在告诉你，你想躺下来休息？让我们来听听。"总有一天，不用你引导，孩子就能用语言向你描述自己的感觉和需要。

□ 你是否等孩子平静下来后再和他沟通？

你的孩子极度兴奋或极度沮丧时，不会听到你说的话——他什么也听不进去。你必须等他平静下来。这似乎是很明显的道理，但有的父母还是会不断地想与野兽般疯狂发脾气的孩子沟通。孩子根本听不进去时，他们倍感挫折。（实际上我想说，和成人沟通时最好也记住这一点——

千万不要想和火冒三丈的人有什么进展）如果因为孩子想要吃饼干，你不同意，他就又踢又叫，这会儿就不要和他说话。你只需保证他周围没有危险，鼓励他尽快平静。等他真的平静下来再理会他。让他知道，一旦他恢复平静，你就会找他。等他的眼泪干了，呼吸正常了，你可以从容安静地和他交谈，指出他的反应不合适、为什么不合适、下一次你希望他怎么做。

□ 你是否鼓励孩子有事不要哭，而是要和你说？

孩子们会有一个啼哭的阶段，如果你对啼哭做出反应，你就是在鼓励它。我非常推崇这句话："请说话。"我爱说这句话已经出了名，我的一个客户甚至用歌曲《公共汽车的轮子》的旋律为我填上了词："公共汽车上的爱玛说：'请说话，请说话，请说话！'"我把它当成一种赞美！无论孩子是两岁还是5岁，你说："你哭的时候，我不明白你什么意思。请你说话。""我不明白你的意思，所以我无法帮助你。"孩子停止啼哭开始组织自己的语言进行讲述时，你会感到非常奇妙。啼哭的习惯需要很大的耐心和不断的反复才能打破，但是你能打破它。

□ 大人们的教育观念和行为是否一致？

这方面最棘手的不是你与孩子的沟通，而是与其他照顾孩子的人的沟通。父母、祖父母、继父母、保姆和老师都可能在一天或一周里的不同时间对你的孩子负有责任，所以，所有人的信息保持一致或接近一致非常重要，尤其是家长。如果家长之间的观念或行为不一致，那么即使父请给爷爷、奶奶、姥姥、姥爷们一些宽容，他们的工作就是多溺爱一些他们的孙子、孙女。孩子每周被爷爷、奶奶溺爱一两次也没什么关系。但是如果爷爷、奶奶承担更多的责任，每天照顾孩子，甚至住在一起，那就需要他们和父母更加周到的配合。同时，有些规则是不容打破的。涉及尊重与礼仪的规则必须坚持，一刻也不能放松。所以在爷爷、奶奶家，孩子也许可以吃很多甜食而不吃晚饭，但是对于重要礼仪，比如说"请""谢谢"等，依然要要求孩子遵守。

母一方在各方面都做得很完美，也可能白辛苦。父母中的一方可能会努力强化孩子的行为边界，必要的时候会很冷静地管教孩子。但另一方很放松，在孩子行为出格时，拒绝纠正孩子的行为。这对强化行为边界的一方不公平，对孩子也不公平。孩子收到混乱的信息，他的行为会反映出这一点。

请经常地、正式地与你的伴侣沟通。坐下来一起讨论哪些规则是你很重视的，你的期望是什么。你可以问："我们究竟对孩子有什么期望？我们如何做到？"父母有时会对什么能做、什么不能做有非常不同的想法。你必须在孩子不在旁边的时候，把你们的想法拿出来讨论，最终达成一个统一战线。为此，不要在孩子面前剥夺你的伴侣的权利。（当然，有虐待的情况除外。在这种情况下，你应该立即制止）但如果妈妈说"今晚不看电视"，爸爸不能说"为什么不看？"他可以把妈妈拉到一边问，而不能在孩子面前问，因为这样会破坏妈妈的权威，让她丧失掉所有的威严。妈妈也同样要注意。如果快到睡觉时间了，爸爸却给孩子一大碗冰激凌，请不要指责他这样的做法，请把他拉到一边去讨论。也许下一次他将控制得更好，早一点给孩子吃甜点。

两岁以上的孩子都知道，如果父母中的一方给予的回答是自己不喜欢的，就去找另一方试试。正是因为如此，如果哪天孩子不能再吃甜食了，父母双方必须都知道这一点。但是忙碌的家庭往往会忘记这样的信息，特别是"交接"的时候。我建议大人准备一个白板或笔记本，照顾孩子的人可以和"交接"的人以此互相沟通。小苏西因为把玩具毛毛丢在妹妹身上，被罚今天再也不能玩毛毛了。那就马上把这个情况写在白板或记录本上。下一位来照顾孩

聪明父母这样做

试一试定期的家庭会议。我们从孩子4岁起开始召开家庭会议。孩子非常喜欢。我们一般先玩一个简短的游戏，然后拿出一张纸记录我们要讨论的话题，轮流发言。每一个人说一件希望有所不同的事情和一件进行得非常好的事情。我女儿曾说："我不喜欢晚餐总吃鸡肉。"我们同意改变菜单。然后该我说了："我希望哭泣再少一些。我们该做些什么呢？"如果我们有一段时间没有开家庭会议，她甚至会主动要求。我觉得家庭会议让孩子对家里的事情有了一种掌控感。她在家庭会议上很愿意听别人的意见，因而这种方式很适合和她讨论她的行为问题。

子的人到达时，即使因为忙碌忘记传达了，她也能从白板或本子上看到。或者，如果小苏西肚子不舒服，也应该写下来，好让接班的人知道她的胃已经很敏感了，不要再喝牛奶或吃其他可能加剧胃部不适的食物。我知道这些基本知识看起来很平常，但一旦你真的开始关注沟通障碍，你会看到更多这样的情况。

分居或是离婚的父母面临特殊的挑战。他们有时根本就不想和对方说话，也不想和对方达成协议。他们有一大堆理由，但这些理由和孩子没什么关系。有时父母一方希望孩子向着自己。对于所有这些挑战背后情感上的复杂原因，基本规则非常简单：你必须把一切抛开，把孩子放在第一位。我知道这是非常棘手的事。在某些地方，离婚者必须学习有关共同抚养的强制性课程。这些课程背后并不微妙的信息是："一旦涉及前伴侣，你很有可能头脑不清醒。如果你没有做好准备，这会影响到你做好一位家长。"我的观点归结为：没有任何借口可以把孩子放在你和前妻／前夫之间的事务之中，什么借口也没有。如果你没有最大限度地考虑孩子的利益，那你就是自私的。我对此不能容忍。无论你是我的好友，还是完全陌生的人，我很高兴直言不讳地分享这条意见。这样自私的行为是最让我愤怒的。

沟通调查

如果感觉本章内容要消化的材料太多，不要害怕。你和孩子的每个互动都是由你的沟通风格来传达的——无论你是在解释睡觉时间，设置某种限制，或是让孩子坐下来吃饭——本章所涵盖的内容会在全书各处有呼应。我也鼓励你在读完全书之后再回到这一章，思考如下问题：新的沟通方式在多大程度上成为了你的第二天性？还有哪些需要你继续努力？在你的家庭环境中，最大的改进在哪里？有没有哪些特别的领域——无论是睡觉时间、尊重，还是时间表——是因为沟通障碍而特别令人焦虑的？你越是像一个侦探一样调查在沟通问题上产生的裂痕，你就越能更快地把它们修补好。

开怀大笑和长长的睡眠是医学书里提到的最佳治疗方法。

——爱尔兰谚语

第3章

向睡梦之乡进军

睡眠的秘密

清单1: 容易的部分——诊断问题，设定情景

☐ 孩子是否无理取闹?

☐ 孩子的睡眠是否足够?

☐ 孩子是否在自己的床上睡觉?

☐ 孩子是否在适宜的环境里睡觉?

☐ 你是否尽量避免孩子在入睡前进行运动量较大
的活动?

☐ 你是否给孩子睡眠提示? 你是否观察他的睡意
表现?

☐ 如果是婴儿: 宝宝是否按时作息?

☐ 如果是大一些的孩子: 孩子是否按时作息?

☐ 孩子白天的活动量是否足够? 呼吸新鲜空气的时间是
否足够?

☐ 孩子是否经常午睡?

清单2: 困难的部分——习惯与期望

☐ 孩子能自己入睡吗? 你是否避免当他的 "拐杖"?

☐ 白天你是否可以把孩子放下来?

☐ 孩子下床后, 是否可以自己重新回到床上?

☐ 孩子是否认同就寝时间?

☐ 孩子醒来时的心情是否愉快?

☐ 你是否能排除噩梦的可能性?

清单3：最难的部分——问题出在你身上

☐ 你是否允许孩子哭？

☐ 你是否明确表明了你的期望？

☐ 你是否强调与睡眠有关的规则？

☐ 你是否前后一致？

☐ 你是否注意观察孩子？

☐ 你是否做好了进行睡眠训练的心理准备？

女士们、先生们，请退后一步，因为我现在要进入战火之中了。当然，我指的是非常令人忧心的睡眠问题。如果你质疑我在引言中所说的抚养孩子已经成为人人参与的围观，只需好好看看最富争议的睡眠问题就可以了。父母、祖父母、儿科医生、阿姨、朋友，甚至陌生人都对如何改进孩子的睡眠持有自己的观点。他们很乐意给你指导。如果你不采用，他们就会对你评头论足。

所以，我请你无论是在阅读本章，还是与其他父母讨论睡眠问题时，把你的评判留在门外。当你疲惫之时，异样的眼光是任何一个本意善良的家长都不需要的。我们一直在努力对我们的孩子做正确的事，让我们以此为基点，并从那里出发。我保证，如果你不听我的建议，我是不会打击你的。我只要求你在阅读中保持开放的心态。

让我们先来讨论那些简单的事实。我敢肯定每个人都会同意：

1. 睡眠对孩子很关键。事实上，这也是为什么我把本章放在这么靠前的位置的原因。在所有我所见的行为问题中，大约有75%的问题跟睡眠有关。本书的各个章节在主题上互有重叠，睡眠问题更是与其他各章都有重要关联。哪怕孩子每天只多一小时的睡眠，他的行为都会得到改善。对于年龄较大的孩子，每晚多一小时会改善他们的学习成绩。

2. 睡眠对你也很关键。你如果没有得到充分的休息，就不能处在最佳状态。如果孩子整夜不睡，你就不能充分休息。和我一起工作过的很多家长在孩子头6个月里都筋疲力竭。有一位新爸爸经常在办公桌上睡觉。如果你如此劳累，你如何能成为一位好家长？

3. 我积累了十几年的让孩子入睡的经验，在这个过程中我学到了一些东西。你可以就本章的理念进行争论，但你要知道，这些教训都来自无数个教孩子睡觉的夜晚。

这些都是事实。

现在，我说说基于这些年的经验而产生的一个更有争议的理念。正如我前文所说，现在的社会文化已经达到了不能让孩子有任何不适的境地。我们希望孩子永远不哭。但考虑一下：如果不让孩子哭泣，我们如何了解他们的哭泣所传达出的需求？婴儿、幼儿、学龄前和学童阶段的孩子，都是你的老师。孩子越小，越不会用语言表达自己的需求，因而老师这一角色更具有挑战性。所以，你一定要会听。你必须学会区分饥饿的哭、困倦的哭和胀气的哭（顺便说一句，大多数的啼哭都是胀气的哭）。你一定不要受到周围文化力量的影响，或者被那些所谓科学的育儿理念驱使，对孩子的每一个动作或每一声嘟囔都立即做出反应。取而代之的是，在做出反应之前，你必须停下来，倾听，思考。

根据我的经验，最好的事情是：你的孩子有能力、并且将会好好睡觉。幸运的是，我训练过的每个孩子都学会了一觉睡到天亮。我已经训练了数百名孩子。有些父母经常告诉我："我的孩子就是不肯好好睡。"我不相信。虽然确实有些孩子睡得比别人少，但我不相信会有不好好睡觉的孩子。良好的睡眠习惯是可以培养的。

我做睡眠辅导时，有时只在一个家庭待一个晚上——这就够了。其他时候，我可能最多待4晚。4晚之后，一切都被搞定，回报是令人难以置信的。当一个家庭在孩子的睡眠问题上走投无路之时，孩子忽然开始一晚连睡10个小时，这是我最爱的结果。他们变得欢天喜地，真的。这太令人兴奋了。

睡眠是小家伙整个儿童期的一个重要问题，也是婴儿期父母们最热衷讨论的话题，这个问题也最能引起父母们惊慌失措。虽然清单中的许多项目是针对那些疲惫的新手父母而言的，但对年龄较大的孩子同样有很重要的项目要去勾选。所以请一定看看。

□ 孩子是否无理取闹？

有时候，家长找我的目的并不是为了睡眠问题，而是"帮我处理我失控的孩子！"我会注意观察孩子一段时间，如果他的行为完全是无理取闹，我通常会把矛头指向疲倦（或饮食，我在下一章会讲）。当然孩子的无理取闹会有很多原因。毕竟他们是孩子，他们有他们自己的时刻！他们还有长牙、肠胃不适等各种各样让他们不痛快的问题。但是对成年人来说，他们懂得睡眠是关键。如果情绪不佳，感觉疲累，大多数成年人可以说："真后悔！我太累了，应该早点睡觉的。"但是一个两岁或5岁的孩子不会明白这个道理。

□ 孩子的睡眠是否足够？

这是我问家长们的第一个问题，也应该是孩子行为出格时，家长应该考虑的第一个问题。下面这张表格来自斯坦福大学儿童医院，我发现这张表非常有用，不过每个孩子的实际情况有些差异。

年龄	睡眠总小时数	夜间睡眠小时数	白天睡眠小时数
新生儿	16	8	8
1个月	15.5	8.5	7
3个月	15	10	5
6个月	14	10	4
9个月	14	11	3
1岁	14	11	3
1岁半	13.5	11	2.5
2岁	13	11	2

一旦孩子3岁了，我建议每晚睡11个小时，下午午睡或休息。对于4岁及4岁以上的孩子，晚上10个小时左右的睡眠是很理想的。如果你的孩子的睡眠时间大致符合相应年龄组的要求，很好。你可以略过这条，去看其他一些有关睡眠质量的问题。但如果没有达到，你应该以他现在的睡眠时间为起点，争取达到要求。

□ 孩子是否在自己的床上睡觉？

我曾经去面试过一个保姆职位，我的未来雇主想要所谓的"家庭床"，即妈妈、爸爸和兄弟姐妹都睡同一张（希望是足够大的）床上。她怀疑我对此会有看法。我的答案是，我当然不会有异议。但是，这并不意味着我认为这是有助于良好睡眠的明智安排。经常有和孩子一起睡的父母对我说："爱玛，我实在太累了。宝宝不睡觉，我整晚都在喂奶。"我告诉他们，他们应该做的，首先就是要把宝宝从大人的床上挪出去。"不行，"他们说，"我不能这样做。"对此我说："这很好，但这样我就帮不了你了。等你准备好把宝宝挪走时，再来告诉我。"

爱玛金点子

孩子们需要认识到他们是独立的生命，需要认识到他们是独立于父母的。这种意识可以帮助他们更好地在世界上生活。他们越习惯于睡在自己的小床上，就越有信心处理其他方面的事务。一个5岁仍睡在父母床上的孩子如果受邀去朋友家里借宿，更容易产生恐慌。所以请尽早开始教给他独自面对世界时的技巧。

我也看到很多孩子在汽车座椅或婴儿车里睡觉。

"这是唯一能让他睡觉的方法。"父母说。父母是如此绝望，他们开车带着孩子四处转悠，然后让孩子在汽车座椅里一直睡到醒来。或者，他们把孩子放在婴儿车里，绕着房子周边一直走到孩子睡着。

我知道一些父母斩钉截铁地说唯一能让他们3岁的孩子入睡的方法，就是把他放在婴儿车里，推着在小区里走。我知道有些妈妈，如果孩子在她的胸前睡着了，她们拒绝把孩子移开。不，不，不！婴儿应睡在自己的婴儿床上。教他们学会自己睡的过程可能并不愉快，但是你还是要教他们，他们会照做，大家都会更快乐，休息得更好。

一起睡的问题是，睡眠质量包括生活质量都受到了影响。即便你只是在孩子刚出生的头几周与孩子同睡，也会有很多问题。有人因此睡眠质量不好，你和伴侣的关系会受到影响。如果你为了让孩子能在晚上8点入睡，自己不得不在晚上8点就上床，或是因为孩子离不开你，你只能错失晚间的娱乐活动。该是改变睡眠安排的时候了。我工作过的很多家庭都有这类问题，类似的故事我能讲很多。一开始，家庭床的效果很好，但是出了问题以后，他们不知道该怎样改变，或者不愿意改变这一习惯。最大的问题是家长们不相信孩子可以独立睡眠。彻底忘掉这个想法吧。他们可以。如果你一开始就觉得他们不行，你就失败了。如果你能把清单上的要求全部做到，他们就能好好睡。多多重复这句话，把小家伙移出你的床。

我曾工作过的一个家庭有一对两岁的三胞胎。父母和三个小男孩一起睡在父母卧室的大床上。对于任何因为伴侣的辗转反侧而难以入睡的人，想象一下，5个人中任何一个都可能在某一个时刻调整睡姿。这完全是自找麻烦。一个人终于消停下来，另一个又开始了。好不容易大家消停下来了，但是床中间的那个又要去卫生间了。这就像打地鼠游戏，可是想睡觉的时候谁想玩这个游戏？在三胞胎的情景中，显然孩子们筋疲力尽，父母也是。是时候让男孩们睡自己的床了。

□ 孩子是否在适宜的环境里睡觉？

出现在孩子床上的各种"爱物"会让你大吃一惊。我照顾过的一个男孩子坚持和棍子一起睡。棍子！棍子也许很适合野营，但是对于晚间的睡眠很难说是安全而舒适的。床上满是玩具、书籍，或是可爱的宠物都会让人兴奋。因此，满是玩具的房间也一样，因为这样的房间更像是游乐场，而不是休息的地方。一个房间里每次放置的玩具要适量。如有可能，放置一个玩具架、柜子、柳条筐或是书架，把一切收纳到孩子的视线之外。

我建议家长让孩子自己选一件特殊的东西带上床——可以是他们的心爱之物或是他们特别珍视的玩具熊。（不过，棍子不行，拜托了）我要确保房间内的温度适宜，比如20℃上下。我要确保他们盖的被子是透气的，棉质的，而且柔软。有时我发现孩子睡觉时穿着背后有按扣或纽扣的衣服。当你把孩子背朝下放在床上时，他们就睡在这些扣子上，正好对着脊椎！睡衣的舒适度比它是不是好看或其他任何东西都重要，即使甜美的海蒂姨妈送这身睡衣完全是出于好意。

我喜欢黑暗、安静的房间，我对噪音消除装置并不很热衷。但是，你必须面对现实。如果隔壁有人敲敲打打或是大宴宾客，或是你的孩子睡眠浅，无论如何，你要使用噪音消除装置。同时注意不要成

爱玛金点子

提到心爱之物，我指的是安慰毯，它可以对睡眠有很大帮助。但是安慰毯只能留在床上。不要让孩子把它带上汽车或是婴儿车，甚至是厨房的桌子上。这样不仅容易丢，而且孩子也没法学会没有它时怎么应对。让孩子自己限制自己对于所谓心爱之物的依赖。这是好事。此外，心爱之物只能与睡眠有关系。

为噪音的人质。如果孩子睡觉的时候你要用吸尘器，用就好了。制造一些噪音出来，让孩子学习适应噪音。等他上了大学，宿舍里有通宵的聚会，他又必须睡个好觉时，他会感激你的。

□ 你是否尽量避免孩子在入睡前进行运动量较大的活动？

很明显，在睡前让孩子太兴奋是不明智的。我们都需要时间平静下来，慢慢释放兴奋的能量。不过，这往往对家长挑战很大。首先，家长不太累——可能刚刚晚上7点半，所以妈妈、爸爸还准备再精神几个小时。他们很难适应孩子此时需要的平静、缓慢的节奏。此外，许多家长直到睡觉时间才下班回家，他们想和孩子玩。我认识的一个父亲喜欢和孩子一起"折腾"，就是一起在床上摔跤。孩子晚上只能看见他一个小时左右，这项活动是他们在一起的特殊部分。爸爸不愿意放弃这项活动——工作一天之后，他喜欢并且需要这项活动，就像孩子们期待它一样。但是临睡前的折腾让孩子更加难以安静下来。最后他妥协了，他只在回家早、有足够的过渡时间时才和孩子们折腾，他称之为"缩减版的折腾"。他只会和孩子做一两个有趣的身体游戏，然后就停止游戏，让孩子逐渐安静下来。

"折腾"是明显会让孩子兴奋的活动，不明显的是看电视。我工作过的一个家庭让孩子晚上在床上看电视，目的是让他们安静下来。我们的当务之急就是把电视从孩子的卧室里搬出去。孩子的大脑（成人的也一样）在屏幕内容的刺激之下不会立刻安静下来，无法好好入睡。

另一种不太明显的刺激物是奶。一般情况下我都不会在孩子睡觉前给他喝奶。但是否需要给你的孩子喂奶，你应该仔细观察孩子的状况，确定喂奶的影响到底如何。有的孩子喝了奶也不会影响入睡。有的孩子喝了以后马上入睡，但是会在30分钟之后精力充沛地醒来。为安全起见，我会在孩子入睡前40分钟左右给他喝奶，这样既保证他吃饱了，又不会因为吃太多而过度兴奋。对于更小的孩子来说，我都是在孩子醒来的时候给他们喂奶。

□ 你是否给孩子睡眠提示？你是否观察他的睡意表现？

在玩耍与睡眠之间要有一定的过渡，这对我们大家都很重要，这是睡眠提示（睡眠提示与睡眠辅助不是一回事）出场的时候。对小宝宝来说，睡眠提示可以是给他包上襁褓（很偶然的，我成了襁褓的支持者。等孩子大到可以挣脱襁褓之前，襁褓都是很好的睡眠提示，并且非常令人舒服），轻轻晃动。对于大一些的孩子，可以先让他们穿上睡衣，讲一些睡前故事，或是播放安静的催眠曲。同时也要注意观察他们的睡意表现是什么。常见的睡意表现是揉眼睛、打哈欠或是发脾气，但是每个孩子都有所不同，所以要细心了解孩子的睡意表现。

□如果是婴儿：宝宝是否按时作息？

健康的睡眠习惯应该尽早开始养成。你当然应该尽力应付新生儿的头几周，你也可以立刻开始用不同的做法让孩子知道白天与黑夜的不同。你可以只是简单地把他裹入襁褓，然后调暗灯光，或是轻轻摇晃他，给他哼唱温柔的曲调。

只要新生儿在头一两周体重增长正常，你就可以开始按时间表喂养。我鼓励家长与儿科医生定期联系，确定孩子的体重增长没有问题后，你应该拒绝按需喂养的诱惑。一个健康的婴儿应该是每两个半到三个小时吃一次。（详情请见第4章）

时间表会让生活更容易。我的朋友西尔维娅，也是一个受过训练的保姆，生第一个孩子时，她的妈妈过来帮助她度过头几个月。一切都进行得很顺利。西尔维娅的妈妈总在需要的时候帮忙抱着宝宝。宝宝晚上和西尔维娅睡，白天规律小睡若干次。但是妈妈走了以后，西尔维娅陷入了混乱。她怎么也搞不定已4个月大的孩子。她一直抱着他，孩子没有规律的小睡，让她感到自己成了奴隶。她向我求助。我建议她建立一个时间表。西尔维娅开始按照时间表安排自己的生活。一开始她定下了喂奶时间，然后是小睡时间，然后是统一的入睡时间。宝宝开始能睡一整夜。这听起来简单，但是有时简单就是有效。这种方法对西尔维娅有效，对你也会有效。宝宝生活有规律之后，睡觉就更容易了。

宝宝8周到10周大以后，只要有医生的批准，就可以推迟夜间的喂奶。你可能会在晚上7点喂一次，然后是10点半。下一次时间可以推到4个小时以后，然后5个小时，最终6个小时！他对夜间喂奶的依赖越小，你就越能尽早改变他吃夜奶的习惯。

如果你的宝宝大于5个月，而你还在夜里给他喂奶，除非是因为宝宝有问题，或者医生让你要这样，否则你就该停了。宝宝到五六个月大的时候根本不需要夜间进食了，他可以一觉睡至少10个小时。如果他中间醒了，回应一下，但不要立即。想办法让他安静下来，但是不要喂他。有些人可能会问："爱玛，这样听起来不错，但是我到底该怎么做？"不要担心，读下去。但是首先请看看以下这些时间安排的范例，可能会对你有帮助：

孩子6个月时

醒来的时间	6:00～7:00
早餐（奶和固态食物）	醒后喂奶，固态食物在7点吃
游戏时间	8:00～9:30
睡眠时间	9:30～11:30
午餐（奶和固态食物）	醒后喂奶，固态食物在中午吃
游戏时间	12:30～下午2:00
睡眠时间	下午2:00～4:00

喂奶时间	醒后喂奶
游戏时间	直到下午5:00
固态食物	下午5:00～5:45
游戏时间	下午5:45～6:45
洗浴时间	下午6:45～晚7:00
睡觉/最后一次喂奶	晚7:00

孩子17个月时

醒来的时间	6:00～7:00
早餐	7:00～7:30
游戏时间	7:30～10:00
睡眠时间	10:00～12:00
午餐	12:00～下午1:00
游戏时间	下午1:00～3:00
睡眠时间	下午3:00～5:00
晚餐	下午5:00～5:45
游戏及洗浴	下午5:45～晚7:00
睡觉/最后一次进食（喝奶，别忘记刷牙）	晚7:00～7:30

请注意，这些时间安排是参考性的，不必严格执行。

□如果是大一些的孩子：孩子是否按时作息？

我前往请我做睡眠咨询的家庭之前，会先询问孩子的日常作息。我会要求这个家庭在我来之前予以改进——如果他们没有，就要先创建一个时间表。我工作过的很多家庭都是有时6点吃早餐，有时7点吃早餐，有时又8点才吃。这样不行，因为吃饭时间控制着孩子白天与夜晚的节奏。我希望他们能在固定的时间吃饭。早晨应该在一个相对固定的时间吃。同样，上床睡觉也应该在同一时间。睡觉必须有一个固定的程序。

如果希望孩子的睡觉时间保持一致，你要有15分钟左右的浮动。你最好不要错过孩子感到疲倦、最适宜入睡的时间。如果爸爸快要到家了，想在孩子睡前见到孩子，你因此不让孩子睡觉，他很容易疲劳。然后，令人哭笑不得的是，爸爸到家了，他反而很兴奋。睡觉时间一旦错过，众所周知的第二轮兴奋就开始了。这一轮兴奋并不受欢迎，因为它离彻底失控就不远了。像我以前已明确讲过的，家长对孩子的每一个要求都过度关注时，他们就会遇到麻烦。但是这之中有一个平衡。睡觉就是一个爸爸、妈妈要把孩子的需求放到一边的最好实例。在允许个别例外的情况下，你的孩子需要一个固定的时间表。如果爸爸或妈妈想在孩子进入梦乡之前见到孩子，那他／她必须在孩子睡觉之前回来，否则只能第二天早上再见他。

□ 孩子白天的活动量是否足够？呼吸新鲜空气的时间是否足够？

没有什么比新鲜空气和充分的活动更能保证良好的睡眠了。如果孩子白天活动量过少，他的睡眠就会受到影响。我会在孩子的时间表上查看户外活动时间。如果外出活动没有成为日常生活的一部分，我会要求在白天把这部分安排好。

□ 孩子是否经常午睡？

睡眠产生睡眠。他睡得越多，他就更能睡。孩子如果不午睡，他就容易过度疲倦，更有可能在其他的时候变成一个小怪兽，让家长很不高兴。午睡是否是孩子的问题，这很容易回答。解决这个问题则是一件完全不同的事情。我会在之后讨论这个问题。

□ 孩子能自己入睡吗？你是否避免当他的"拐杖"？

如何让孩子入睡？你会：

A. 晃动他，直到他快要睡着了，把他抱到他的摇篮或小床里。

B. 把他放在他的摇篮或小床里，让他自己入睡。

C. 带着他走路或开车，直到他睡着。他在哪里睡着的，就把他留在哪里继续睡。

爱玛金点子

不要让孩子在摇篮里喝奶。这种做法很危险，不光对牙齿不好，还容易把环境搞乱，而且会养成坏习惯。短期之内这种做法让你更容易把将要睡着的孩子放下，但是长期来看，绝对没有什么帮助。所以，一定要忍住！

你大概也知道正确答案是 B，但是，这并不意味着你能做到这一点。我在这里要提醒大家，当孩子的"拐杖"，或是走其他捷径，会带来更长久的麻烦。请拒绝带来短期回报的简便途径，把眼光放长远。这意味着，你要把还没睡着的孩子甚至是婴儿放在床上，让他们学会如何入睡。你可能会熟悉这个说法："授人以鱼，只能今天喂饱他；授人以渔，就是喂饱他一辈子。"这意味着你不能把你的宝宝喂到睡着，然后非常温柔地把他放下。你不能摇晃着哄他入睡，你不能唱歌哄他入睡，你不能躺在床上陪着他入睡，他 3 个月大以后，你不能给他用安抚奶嘴帮助他入睡。这些都是捷径，都只是授人以"鱼"。如果安抚奶嘴掉出来，孩子需要找到它才能继续睡觉；如果他醒来（就像我们整个晚上都会以某种微妙的方式醒来一样），每次他都需要同样的安慰才能再次入睡。在大多数情况下，这意味着他需要你。

花时间教孩子自己入睡，你会有几天困难的日子，但是会让生活变得更轻松。拿掉"拐杖"吧，你的孩子会学会如何自我抚慰，学会自己入睡的。

□白天你是否可以把孩子放下来?

家长往往觉得他们必须整天抱着孩子或者是和他们互动。我听到一位家长说:"他只是自己坐在垫子上。我是不是应该和他说说话,或者讲讲故事?"当我回答"不,根本不用"时,他们感觉很解脱。你越能放下你的宝贝,让他自己在地板上玩就越好。如果大人一整天都爱抚他,抱着他,陪他玩,到晚上却想让他自己睡,这样的期待是不合理的。

顺便说一下,这并不是说我反对用儿童背带——它很棒很实用。特别是孩子闹腾的时候,我会充分利用背带。如果宝宝需要亲近,不要拒绝他的要求。但是,如果他被抱过了,他会很高兴,利用这个机会,把他放在地板上,让他自己玩。你可以想抱多久就抱多久,但是你必须也能把他放下来,否则你什么事情都完成不了。这对你保持神志清醒同样重要,相信我!最起码,如果你要开车出去,你能把他放在汽车安全座椅上。你就是要教会孩子,有时候他必须自娱自乐。如果他懂得这一点,入睡会更加容易,因为他已经学会如何应付了。

□孩子下床后,是否可以自己重新回到床上?

如果一个较大的孩子(我指的是不用放在摇篮里的孩子)频繁地从床上下来,通常是有原因的。比如说这样做会得到关注(也就是说,你会把他抱回去)。这就是为什么我说一旦孩子能够自己从小床爬出来,他也要能够自己爬回去。如果他爬出来,希望你把他放回去,你可以这样做几次，然后要让他明白，如果他再下来，就要自己回去。他可能会躺在地板上，以示抗议。这没关系，因为他很快就会意识到他的床更舒服，然后自己爬回去。关键是，他不会想靠你把放他回去。儿童在处理某个情况时，往往会利用一切可能。我的意思是，用最不费力气的方式——这方面他们可是小天才！无论是"就再多讲一本书"，还是要你把他们抱回床上去，都是这样。把这一切都扔掉，让孩子自己负责。你可以说："我会把你抱回去，让你更舒适一些，但这是最后一次了。你要待在床上。如果你再爬出来，你必须自己回去。"

☐ 孩子是否认同就寝时间？

关于儿童抗拒按时入睡的书已经多到可以形成一个系列了。请了解，如果你的孩子抗拒按时入睡，可能这就是他童年生活的一部分，而不是因为你犯了错误。事实上，一些孩子到上床睡觉时，总是会哭泣，虽然只会持续一分钟的时间。这就是他们自我安慰的方式，是他们入睡的方式。做好准备，让他们自己去处理余下的入睡抗拒。

☐ 孩子醒来时的心情是否愉快？

如果你的孩子显然起床太早——我的意思是他应该睡11个小时，但他只睡了9个小时，或者他只小睡了30分钟，然后就不睡了，等几分钟，看他是否会自己接着睡。如果不，那就走到他房间里，告诉他，现在还是睡觉时间。尽量不要抱他。如果他继续哭，我的做法是，过一会儿再进去，再给他解释一遍，他要躺在那里，到时间了才能起来。如果你的孩子在接下来的一两天依然醒得很早，继续照着上面说的做，让他知道起床时间还没到。

如果你觉得孩子起床太早，因为他醒来时闹脾气——无论是午睡之后还是早晨醒来，请密切关注。正如有些孩子总是要哭一会儿才能进入睡眠状态，有些孩子醒来时总会哭一会儿。这是他们过渡到清醒状态的一部分。如果是这种情况，请不要立刻就到他们身边去——给他们一些时间充分醒来。也许他们会继续睡，也许他们会躺在那里闹闹脾气，直到他们能完全清醒过来。他们和大人不一样，真的。我们都喜欢按下闹钟的打盹键，让自己过渡到一天的开始，可孩子没有咖啡来帮助他们面对他们的早晨！

然而，有时孩子醒得确实比他们该起床的时间要早，他们的烦躁不同于我所说的"过渡性烦躁"。我照顾过的一个小家伙每次从午睡中醒来时，脾气都很暴躁。但是如果过了10多分钟，他还是不能完全清醒过来，我就会说："戴伦，我觉得你不应该这么早醒，你需要继续睡。"我会要求他再休息一会儿。

□ 你是否能排除噩梦的可能性？

我对噩梦非常重视。当你4岁的孩子因为受惊，半夜跑到你房间时，你必须认真对待他的恐惧，问问他做了什么梦。如果他是怕壁橱或是床底下有怪物，打开灯，尽你所能地向他展示他的卧室是安全的。夜间焦虑可以是持续

不断的，孩子幼小的
大脑和身体应对这样
的麻烦会感到很棘
手。所以尽你所能地
帮助他。你可以给他
解释说，不管他梦见
什么，都不是真的。

> **爱玛金点子**
>
> 如果噩梦重复发生，你要更加
> 关注孩子在看什么或读什么。许多
> 书籍和电视节目，表面上看似乎没
> 什么，但实际上能吓到孩子。

如果他真的吓坏了，可以把他拉到你的床上。你可能有些
吃惊，我其实并不严格奉行孩子不和大人睡的原则。重要
的是，这种行为不会成为习惯。如果他夜复一夜地爬到你
的床上，声称自己做了噩梦，一开始只是单纯的噩梦，时
间长了就成为一个固定的坏习惯。你必须细心地观察你的
孩子是真的害怕，还是在蒙蔽你的眼睛。区分两者的可能
还是很大的。

□你是否允许孩子哭？

想象一下，你已经把孩子放下来午睡。虽然平时他
都能睡至少一个小时，今天你听到他30分钟后就醒了。
你会：

A.不管他，你还要再休息30分钟，他只能待在婴儿
床上。

B.很快来到他身边。

C.让他闹腾几分钟，注意听他的哭声。他是不是又
继续睡了？他是不是累了？也许他想大便了，所以醒了
过来？

正确答案是 C，但我知道这不是父母通常所希望的答案。他们希望自己的孩子不哭，永远不哭。要我说，这样的话，哪里还需要什么育儿方法呢？

如果我查看过一切可能会阻碍孩子睡眠的原因——从他上床的惯常程序到他穿的睡衣，这些看起来都没问题，那么十有八九是家长有问题。要么大人依靠某种辅助措施来帮助孩子睡觉，如哺乳、安抚奶嘴、放在婴儿床上的奶瓶，要么是没有给孩子足够的时间独立入睡，就马上跑去帮助他。

我不认为父母应该像答案 A 那样忽视自己的孩子。（如果我确实暗示过这个意思，那我就像某些保姆一样了）但是从完全忽视孩子到允许孩子哭得足够长，这样你可以仔细听听他的哭声，这两者之间的差距还是很大的。你要有能力分辨孩子的哭声是疼痛的信号，还是只是睡觉之前的疲惫所致。我知道这不容易，但你不让他哭，你就永远也不会了解他的哭。在听到宝宝的哭声后，准备做出反应前，请你停下来想一想，你喂过他了吗？如果喂过了，那么你就知道他不饿。而且他越是按时间表进食，你就越容易确定这一点。如果是上床睡觉的时间，他刚躺下30分钟就醒来了，问问自己，他累不累？他的午睡如何？这很可能就是问题。如果他午睡睡不好，他可能只是因为疲倦而哭泣，你需要让他发泄出来。他是不是哪里疼？如果是新生儿，胀气是很常见的。我相信安慰对胀气的宝宝是有用的。你对哭了解得越多，你就越会了解问题是不是出在胀气上。如果是，一定要把他抱起来，安慰他。（但是不要喂他）虽然这并不容易判断，但如果你仔细倾听孩子的哭声，相信你所听到的，你真的会很有把握，并会感到不可思议。

这里有一个简单的列表，列出了最常见的睡眠时的哭声，以及我的处理方法：

呜呜声，疲倦的哭声：不用做什么。他只是在释放疲倦感，他自己可以入睡。

歇斯底里的呐喊：请到他身边去，特别是宝宝月份很小的时候。他需要平静下来。拍拍他的背，唱歌给他听，离开之前让他安静下来。

伤心的哭：他需要安慰。请过去给他安慰。离开之前，轻轻地提醒他该睡觉了。

另一件绝对肯定的事情是，你不能在孩子刚哭一分钟的时候就走过去。我知道你会觉得一分钟都长得像是永远，但这确实不足以用来了解哭声。一般来说我不喜欢用计时器来确定你是不是该过去查看你的孩子了。在聆听孩子哭声时，并没有现成的公式，而且孩子也不知道5分钟和10分钟的区别，但我确实认为计时器对父母很有帮助。如果一分钟让你感觉像永远，计时器可以提醒你。不，一分钟不长，你需要给孩子时间，让他自己安静下来。

做好准备，你可能会度过一些困难的夜晚，然后情况才会好转。但是情况会好起来的，大家都能睡个好觉。

爱玛金点子

午睡的时间和地点应尽可能一致。我知道，有时很难围绕一个可能会有也可能没有的午睡来安排你一整天的计划。我对午睡时间并不严格要求。但是，如果你的孩子白天、晚上都睡不好或是不规律，那你就要想尽一切办法在至少三天时间里使用同一张睡眠时间表。如果三天试验顺利的话，那么你就可以做出调整，甚至可以在他午睡期间跑出去办事。所以想办法安排好吧。

我坚定地相信休息时间的重要性。每个人都需要时间休息身体，放松心情，脱离日常工作，无所事事地待一会儿——包括妈妈和爸爸！如果你的孩子不再午睡，而你已经把那段时间留给了自己，不要绝望。准备一些他可以看的书籍，让他每天同一时间在自己的房间里静静地看书。告诉他，他需要让自己的身体休息休息。起初可能很痛苦，但这种努力是非常值得的，你和孩子的行为都会得到改善。

□ 你是否明确表明了你的期望？

家长经常感到很迷惑，他们的孩子在托儿所里每天都能睡足两个小时，居然没有哭闹——即便身在十几个熟睡的小家伙之中。老师们是怎么做的？答案很简单：他们提出要求。托儿所老师不会让孩子们在不同的时间睡觉，否则会是一片混乱。午睡时间是不能商量的。老师们明确地提出他们的要求，十个孩子有九个都要听从他们。（如果第十个孩子不睡觉，他知道自己要安静）在这一点上，家长可以从托儿所学到一二。即使是非常小的孩子，父母也必须清楚地说明睡觉时间该是什么样子。他们可以说："我准备给你读两本书，然后我会把灯关上。如果你走出房间，我要把你抱回去。如果你半夜醒来，要继续睡觉。"

你是否强调与睡眠有关的规则？

一旦你明确提出了要求，你要坚持下去。如果你说读两本书，就读两本书。如果你开始读第三本、第四本书，或者你被孩子说动让他再喝一杯水，或者在说你打算离开之后，又允许他多依偎你一分钟，你就失去了对孩子的控制。你要坚决而坚定，说到做到。夜复一夜做同样的事情，并确保无论谁来照顾孩子睡觉，都做同样的事情。

你是否前后一致？

前后一致是一切。我不会因为一次又一次地这样强调而道歉。（这样才是前后一致）最糟糕的是，先让孩子哭了一晚，接下来的一晚却没有，以及类似的事情。他得到的信息是矛盾的，所以他会很困惑。这样不会促进问题的解决，你会一事无成。不要让自己再受折磨了。下决心让孩子哭三个晚上。是的，你和孩子双方都会哭，但很快每个人都能好好睡觉了。有人建议大人一点一点远离孩子直到走出门去，对此我不同意。对我来说，这有点像拿胡萝卜在孩子眼前晃来晃去，对他们并不公平。

你是否注意观察孩子？

了解孩子的哭声是仔细观察的一部分，但也有其他方法能确保你真正关注孩子的举动。如果你有一周公事、私事都特别多，孩子睡不好，而原因你无法确定，请深吸一口气，缓一缓，想想孩子生活和情绪的节奏。如果你的孩子能睡一整夜了，有一天晚上他却哭闹起来，这其中一定有原因。这种情况下，我不建议你让他一直哭到停。这时你该进行调查。如果他面颊发红，他可能在出牙，看看他的牙龈和牙齿，是不是正在长牙，或者他是生病了。如果他需要吃药，就给他吃药。如果他晚上很难受，没有吃饱，尽量让他吃饱。当你给孩子建立起规律的生活之后，孩子却出状况，这其中很有可能有什么事需要你关注。（孩子出了状况，却找不到原因的时候也有。在你查过孩子是否出牙、是否生病之后，发现什么都没有，这可能是类似症状的未知阶段，你只能等待结果稍后出现）

当然，基本规则的改变带来的苦恼是，一旦孩子的身体恢复了，你不得不重新建立睡眠习惯。每次中途出状况，你都要重复你所学到的东西，无论是孩子长牙、发烧，还是你休假归来。费心训练的成果很快就消失了，你深感挫败。但同时你也会发现，每次重新训练会更容易些，我保证。习惯在短短一天就能形成。

□ 你是否做好了进行睡眠训练的心理准备？

如果你打算让孩子哭上几夜，以训练他建立良好的睡眠习惯，在开始之前，请确保自己已经准备好。请记住，最难的情况是开了头，却没能坚持下去。前后不一致会让一切努力付诸东流。我总是告诉家长过程会很艰难。我为他们做的准备和为孩子做的准备一样多，真的。我也不忍心听孩子啼哭，即便我没有父母跟孩子的那种血缘关系。

聪明父母这样做

我们做睡眠训练，孩子哭闹时，我就给我妈妈和朋友打电话，这样我就不能走过去，在不该安慰孩子的时候安慰他。同时家人和朋友也给我打了气。

我知道训练有多艰难，但是请记得你让孩子哭下去的理由，这会有助于你的坚持。如果家长觉得自己快要放弃了，想想这样做的原因吧——妈妈需要睡觉，宝宝也需要规律的睡眠。你在深夜阅读"要盯紧最终目标"是一回事，到了凌晨 3 点，你的宝宝还在时醒时睡，你感觉度日如年的时候，再想"要盯紧最终目标"，就是另一回事了。

犯错很正常

我刚开始做保姆的时候，也陷入了睡眠陷阱。我摇着宝宝睡觉，轻轻地把他放下，然后蹑手蹑脚走出房间，双手合十，祈祷他不会再次醒来。真是又累人又费时。没有我的帮助，孩子就无法入睡，我不可避免地不得不彻夜重复这个过程十几次。我用过安抚奶嘴。我抱起孩子，以为他要大便了，却发现我误解了孩子。我也曾在半夜时屈服于孩子的哭泣，没有坚持前后一致。令人高兴的是，现在我已有多年经验，并且充分吸收了数十本关于睡眠研究的书的理论了。我不再犯这些错误了。更重要的是，我真的放下了过去的那些所谓的经验，因为我担心现在带的孩子受到影响。他们都不错——如果有困难的话，我的困难比他们的更大！这就是说，如果你在阅读本章前，已经采用了不同的训练方法，不要觉得内疚或惊慌，认为改变为时已晚。孩子很容易就能学会，你仍然可以帮助他将这些片断串连成一晚好睡眠。坏习惯可以打破，你让自己4个月大的孩子使用安抚奶嘴，并不会因此变成一位坏家长。如果你能做到，把安抚奶嘴扔掉就行了。让我们向着优质的晚间睡眠迈进吧。

"他饿了就会吃。你怎么就不能放过他呢？"9岁的彼得·海切对妈妈说。

　　　　　　　　　——朱迪·布鲁姆《四年级的故事》

第**4**章
粥和布丁的故事

适当的营养

问题清单

☐ 如果孩子不吃饭，你是否会退让？

☐ 孩子的体重是否正常？

☐ 孩子是否有固定的加餐？你是否尽量不给他吃零食？

☐ 孩子是否坐下来吃饭？

☐ 孩子是否有良好的就餐礼仪？

☐ 你是否控制孩子饮食中糖的摄入量？

☐ 你是否为孩子提供多样化的饮食？

☐ 你是否避免让孩子喝饮料？

☐ 你是否避免把"讨厌"的食物从孩子的碗里拿走？

☐ 孩子是否知道他在吃什么？

☐ 你是否是食品和营养方面的榜样？

☐ 对于孩子可能会接触到的零食，你是否会监控其质量
    和数量？

☐ 你的期望是否合理？

☐ 你是否把甜点当作奖励，但不会很频繁？

☐ 你会让孩子自己选择食物吗？

☐ 你是否经常引入新的食物？

☐ 如果孩子第一次吃某种食物，但不喜欢，你会坚持吗？

☐ 你是否避免用食物做游戏？

☐ 你是否相信自己对孩子体重的直觉？

我在英国长大的时候，吃饭在我的家庭生活中起着重要的作用。我妈妈大多数时间靠她自己抚养我和弟弟。我们没有很多钱，但是吃饭，尤其是晚餐，仍然是特别的场合。我们会坐下来一起享用牧羊人馅饼或"叽叽吱吱"（也就是炒土豆和卷心菜，味道好极了），一起聊聊当天的事情。我们吃饭的时间不是很长，但也不匆忙。星期天的时候，我奶奶也会过来，这顿饭会更为精心地准备，会有漂亮的桌布，有烤肉，通常还有斑点迪克（一种干果蛋糕）或烤苹果奶酥作为布丁（我指的是甜点）。我们的饭菜并不花哨，也称不上是我最喜欢的童年回忆，但是这些餐饭中有一些非常基本的东西，为我在食物与生活的关系上划定了基准，给了我基调感和礼仪感。无论我的生活中每天发生什么事情，精心的餐饭总会如期而至，这对我而言是很大的安慰。

搬到美国以后，我惊讶地发现这里吃饭的方式大为不同，无论是家庭的，还是保姆的。我大部分做保姆的美国朋友都是在奔走中用餐：在车上，推着婴儿车的时候，或在厨房里忙碌的时候。食物一般都是孩子要什么就做什么，或是不太麻烦的品种（如奶酪通心粉或油炸鸡块）。大多数食品都是小块的，不鼓励也不指导孩子们使用餐具。我感到很困惑。我开始怀疑为什么我会在意这些？为什么按我学到的方法进食这么重要？为什么在美国会如此不同？

这些年我为这些问题花了不少心思。我相信这个问题很大一部分是由于食物的角色变了。在我们晕头转向的生活中充满了太多的活动，食物已成为配角，而它本应该是主角。虽然一起吃饭的重要性算不上一种启示，但我们现在的文化不仅在贬低就餐礼仪，而且在贬低食物本身。食物是被消耗掉，而不是被品尝。吃饭被视为完成"加油"的任务，而不是建立联系的机会，不是教给孩子欣赏味道和就餐礼仪的机会。

就像其他很多类似问题一样，吃饭问题的另一个方面，是父母对孩子的照顾太多了。最近，我在一本育儿书中读到，如果孩子不想吃你正在吃的食物，你应该允许他离开桌子，让他给自己做一个三明治或是其他一些简单的饭菜。真是难以置信！对此我非常不同意。这样的做法透露出的信息是他可以不吃摆在他面前的食物，你猜会怎样？如果他可以选择做些别的东西来吃，他就不会吃放在他面前的食物。这种做法还暗示，其他人吃饭的时候，有人在旁边走来走去是可以的。而你最终可能会有双倍的问题要去处理。有时候，妈妈或爸爸为了让孩子吃饭，会做一些特殊的饭菜。在朱迪·布鲁姆的经典故事书《四年级的故事》中，当3岁的福吉不肯吃饭时，全家人做出不可思议的滑稽动作来吸引他。福吉的哥哥彼得用倒立来逗福吉笑，这样他的妈妈可以趁他笑的时候塞一口食物到他嘴里。福吉的奶奶把鸡蛋做在奶昔里。福吉的妈妈允许他坐在桌子底下，假装是家里的狗，只要他肯吃饭。这些行为看起来有点极端，但因为大家很熟悉这样的场景，所以会觉得很有趣。

在本章，我有两条好消息要告诉大家。首先是你不必迎合你的孩子，做他的特需厨师。你家的厨房不是饭店，所以不要让你的孩子把它当作饭店！其次是吃饭不一定非像打仗，也不是马戏表演，就像福吉的情况。一个简单的解决方案能让这一切成为可能，那就是家长必须能接受让孩子偶尔挨饿。孩子从1岁起，不再依赖奶水作为主要营养之后，你就可以像对大孩子一样要求他。如果他不想吃，你不要强迫他吃。不要斗争，他不必非要吃饭。但你也不要再给他任何吃的。给他一个机会，告诉他到下一顿饭之前（即使下一顿是第二天的早餐），不吃就没有机会了。如果他还是不想吃，这就是他的选择。此规则同样适用于更大的孩子。在这一点上，小孩子和大孩子没有什么区别。他可以不吃，但他应该留在桌旁，等其他人吃完。持久的谈判、斗争、哄劝，所有为了让孩子吃饭所浪费的精力，都不会再出现了。孩子们饿的时候就会吃饭。你要做的就是提供营养的食物，偶尔满足一下孩子的喜好。如果你从来没试过这个办法，不用担心——用不了多久，孩子就会明白，餐厅已经停业了，也就是说，全新体验开始了。

□ 如果孩子不吃饭，你是否会退让？

如果你的孩子不想吃你做的饭菜，你会：

A. 告诉他，放在他面前的就是他的这顿饭，如果不想吃，他可以不吃。

B. 给他做别的东西。

C. 一口一口地哄他吃，每一口都要靠玩游戏或给奖励。

D. 威胁他要取消他的某些权利（比如看电视或是晚上讲故事）。

你大概已经知道，正确的答案是A。你可能觉得以退为进有些奇怪，但这就是你在培养孩子饮食习惯方面该做的。要坚持让孩子坐在桌旁，坚持他应该坐好，但不强求他吃饭。就像其他确立期望并进行沟通的场合，进餐时间是关于选择与后果的。你要设置这样的期望：这是吃饭时间，该坐下来吃饭。如果你的孩子选择"不"，告诉他到下一餐之前没有别的饭了。

□ 孩子的体重是否正常？

如果我看到一个超重的孩子，我会觉得这是一个需要迫切解决的问题。我们都知道儿童肥胖已经越来越普遍。事实上，在美国，有4300万5岁以下的儿童超重或肥胖。虽然我们可以随手指出家庭以外的导致孩子肥胖的原因——从广告到缩短的休息时间，到学校午餐柜台提供的饭菜，家长们也要认真审视自家饮食上的习惯与观念，因为这些是起主要作用的。肥胖给孩子各方面都带来问题，从运动到自尊，到长大以后做出健康选择的能力。我不想让孩子节食，但我希望他们学会做出健康的选择。下面是我经常从超重儿童的家长那里听到的借口和我的回应：

借口1：除了垃圾食品，我的孩子什么也不吃！

这太荒谬了！给他们提供健康的食品，如果他们不吃这些食物，他们就什么也不能吃。不要搞得太复杂了。

借口2：我实在太忙了。我下班回家后，没时间给孩子做一顿健康的饭菜。

我知道这很难。你需要精心组织、细致安排，才能既让孩子吃上健康的饭菜，又让自己保持神志清醒。我认为我已经说得很清楚了，我不想让父母成为烈士，通向健康饮食之路的（积极的）捷径有很多。我在本章其他地方提供了一些技巧，但我最喜欢的方法是一次多做一些，然后冻起来一些，留着以后吃，肉酱意粉是这类食物的最佳范例。你也可以去超市挑一些现烤的鸡肉，再搭配微波炉加热的西蓝花。

借口3：我的日常开销很紧张，我买不起健康食品。

为了饮食更健康，你不一定非要给孩子吃有机牛排。健康不贵的选择有很多，包括土豆、豌豆和全麦面食。牧羊人馅饼是我个人最爱的便宜美食。或者从厨房里的麦片开始：含糖麦片的花费与低糖或无糖麦片一样。仔细阅读标签，然后做出更好的选择。另外，如果你不把钱花在健康食物上，孩子超重了，你就要支付保险费或医疗费。

借口4：我看到孩子的机会很少，所以我想每次见面都能很特别，给孩子一些特殊待遇。

是啊，这就是父母的内疚感。会有适当的机会让你表达你是多么爱孩子，但是如果你给孩子吃垃圾食品，你的好意就变成了伤害。

□ 孩子是否有固定的加餐？你是否尽量不给他吃零食？

我经常看到妈妈带孩子出门办事。出门之前，她们急匆匆地拿上吸管水杯和零食，因为老天爷不让她们的孩子一个小时不吃东西！"他如果很长时间不吃零食，就会闹腾。"她们告诉我。现在想象一下这熟悉的场景：你去了某处，比如说动物园，你的小家伙说，他渴了，需要水。你会怎么做？你会：

A. 从推车里拿出你为此情况准备的瓶装水。

B. 离开展览，并赶快去最近的小卖店。

C. 告诉他，路过下一个小卖店时，他要告诉你他想喝水，这样他就可以停下来买水喝了。

答案是 C。照顾到孩子的感受，同时又不会满足他的每一个心血来潮。我并不是说你不应该做好准备——做好准备对你有好处。让我们在育儿中保持一些平衡。这并不是灾难来临，你不必到哪儿都带着瓶装水！

虽然我们不能让孩子饿着，但依然可以培养他们等待吃东西的耐心，而不是每次想吃东西都有零食吃。随时为孩子效劳很辛苦，你也不会因此成为更好的家长，而且基本上是刚好相反！

合理的膳食增量取决于孩子的身体情况、他的年龄和你的日常安排。通常孩子会在一天中的某一两顿吃得比较多（一般是早餐和午餐），另一顿他们吃得没这么多。如果你了解孩子的这种状况，你就会知道他是挑食还是不饿。举一个例子，我最近做保姆的一个家庭，家里有一个18个月大的孩子和一个3岁的孩子。孩子们在7点吃早餐和中午吃午餐。我会在上午10点给他们吃零食。但我发现，如果不吃零食，他们午餐会吃得更多，表现也会更好。我总是在午睡后给他们吃零食——通常是一些苹果和一块奶酪。

然后他们在下午5点到5点半左右吃晚饭。你家的情况可能有所不同，你只需确保两件事情：

1. 孩子吃零食的次数和量不要很多，不能用零食代替晚餐。

2. 在固定的时间吃加餐，以免血糖骤升或骤降。这样说吧：如果你通常中午吃饭，而某天因为琐事太多，不得不推迟用餐时间，对你来说没什么大不了，但对孩子来说，就不是这样了。如果该吃午饭的时候你们回不了家，你应该带上零食或计划好在何处停下来吃饭。请注意，你不是真人自动售货机！

爱玛金点子

宝宝喂养时间表

你在上一章已经看到，孩子的喂养时间表与睡觉时间表有很强的相关性。一个健康的婴儿应该每2.5小时～3小时吃一次。原因如下：

1. 如果孩子想吃你就喂他，他可能就会开始吃加餐，而这样是有问题的。孩子开始吃奶时，他最先吃的是初乳。初乳非常好，不过你当然也希望他吃后奶。初乳主要是乳糖，后奶有乳糖和脂肪。孩子吃了后奶，更不容易饿，吃不下更多其他食物。大一些的孩子也是同样的道理。如果他们整天都在吃零食，很难让他们吃下为他们精心准备的晚饭。

2. 如果你可以每2.5小时～3小时喂孩子一次，你就可以对时间表更有控制。对于孩子是否吃饱，你也会很有信心。你必须有一条基准线，这样如果出了差错，你才会知道究竟是哪里的原因。固定的喂养时间表对于了解孩子的哭声非常有帮助。当你想摆脱夜间喂食时，你因此会轻松得多，因为他是不是饥饿的问题已经被确认了。

大家最想知道的是如何拒绝按照孩子的要求喂食。这方面有一些很好的技巧。如果你的孩子只吃了一点点就失去兴趣，或者，更普遍的是，只吃了一点点就睡着了，你可以给孩子脱掉一点衣服，冷空气会让他感觉到冷，因而会让他清醒起来，更有可能再喝一些奶。你也可以挠挠他的脸。另一个我喜欢的诀窍是把湿润、凉凉的毛巾放在他的脸上和身上。

现在，如果问题不在于孩子没有兴趣，而是他刚刚喝够了奶，似乎还想要，该怎么办呢？五个字：拒绝走捷径。不要因为他有些闹腾就认为他没吃饱。他可能只是想寻求安慰，而乳房或奶瓶当然是最方便的安慰方式，请拒绝。轻轻地摇晃他，拍拍他，给他洗个澡。如果孩子不到3个月，还可以给他安抚奶嘴，如果是白天，带他去外面的新鲜空气中散散步。

妈妈们请记住，你的乳房不是安抚奶嘴！妈妈们太经常把啼哭的婴儿放在胸前。而其实，大部分时间他们的哭泣是因为胀气。如果是胀气的问题，可以按摩孩子的腹部，动动他的小胳膊、小腿，并试着把他的膝盖推到胸部。如果你在母乳喂养，记录你每天的饮食，看看孩子会有什么反应。西蓝花、草莓、巧克力都是祸源。不过，除非你发现这些食品确实和宝宝的胀气有关系，否则不用停吃（尤其是巧克力，看在老天的分上）。记住，更多的牛奶只会加剧肚子的不适，并如此循环下去。

我认为没有人需要完全严格地执行喂养时间表。如果离通常的喂食时间还有15分钟，孩子饿了，无论如何，喂他吃吧！如果你要出去，只能比平常晚一点才喂他，你当然可以按你的想法做。请把时间表当作有用的工具，而不是当作手铐。

□ 孩子是否坐下来吃饭？

孩子吃饭的地点可以很大程度上说明他与食物的关系，以及你在饮食上的期望。他是不是经常在车上吃？我首先坦白，我曾在车里喂过孩子。有时候，你的日程安排意味着你必须这样做，特别是如果孩子大一些了。但我不认为这是一个很好的做法，而且这样做还有窒息的风险，可是如果有时不得不例外，就偶尔这样做吧。需要注意的是，要把这样的做法当作例外而不是惯例，并教导孩子，食物不仅仅是加油充电的东西。

我无法忍受孩子们边跑边吃。首先，这是不礼貌的行为，我会在下一章详细解释。其次，谁也不想让地毯和家具上撒满食物。再次，边跑边吃会有窒息的危险。其他育儿指南可能会与我的意见不同。"你只是想让孩子吃饭，如何吃，在哪里吃，都不要紧！"一位专家解释说，刚学会走路的孩子喜欢四处走动，像散养的牛羊。但孩子不是牛羊！他们是小小的人，他们要学会恰当地享用食物。公平地说，如果你让孩子边走边吃，他可能会吃得更多，但他因此不能学习倾听自己的身体。我们在看电视时会把一整袋爆米花吃完，但是这并不意味着我们应该吃那么多。设置这样的期望并没有那么难。

无论什么情况下，你都不应该让孩子坐在你的腿上吃饭！你要知道，接下来他就只有坐在你的腿上才会吃饭。你有很多时间拥抱你的小家伙，但吃饭的时候不合适。请教导他坐在自己的椅子上吃饭，让他养成良好的生活习惯。

□ 孩子是否有良好的就餐礼仪？

我的奶奶很讲究就餐礼仪。"坐直，爱玛。"她会说，"注意你的姿势，双肩向后。"胳膊肘总要离开桌子，张嘴吃东西是绝对不能接受的。

奶奶的教育一直跟随着我。和朋友吃饭时，如果她张嘴吃东西，我会难以忍受。我甚至因为无法接受男友吃东西的习惯而和他分了手，因为这使我无法专注于自己的食物，毁掉了我对他的爱慕。看到人们经常张嘴吃饭，我很震惊。我们有嘴唇，闭上吧。没有人愿意看到一堆嚼烂的食物在里面来回翻滚。我很惊讶很多人不知道这么基本的礼貌。

用餐时间是进行礼仪传授的绝佳场合。例如，从18个月大，孩子就可以开始学习饭后清理自己的餐具。而年龄较大的孩子应该懂得餐桌上不该有任何高科技设备。把手机带到饭桌上表明你不尊重一起吃饭的人，不尊重你的食物，以及做饭的人。虽然我会在下一章中更详细地讨论礼仪，这里还是先列出进餐时的8项注意：

1. 坐直——不能懒散！

2. 把腿放在桌子下面。

3. 使用餐具。（18个月大的孩子就可以开始用了）

4. 切开食物。（如果孩子太小，你当然可以替他们做）

5. 吃东西时闭上嘴。

6. 满嘴都是食物时不要与人交谈。

7. 请求多多包涵。

8. 说"谢谢你做的饭"。

我得承认我在这方面可能是有点严格，但是举止文明真的那么难吗？我被教导要尊重我吃的食物，尊重共同进餐的人，注重进餐的礼仪，我一直很感谢我所受的教育。我宁愿因为完美的举止而受到嘲笑，也不愿意因为张着嘴吃东西而受到嘲笑。你更愿意让你的孩子受到哪种嘲笑呢？

请注意，我不认为我们应该回到唐顿庄园的时代，只是为了恰当，每顿晚餐就要用10种不同的餐具。吃饭不必仪式化。我甚至不认为把黄油碗直接放在桌子上有什么不妥，只要桌子上没有客人。但是，我们也不必慵懒地待在电视机前，下巴上挂着融化的奶酪。我们需要找到平衡点。

□ 你是否控制孩子饮食中糖的摄入量？

现在孩子饮食中的糖分太多，这是毫不奇怪的。但有时很难让家长看到摄入过多糖分与儿童行为之间的关系。我认识一个来自俄罗斯的家庭，他们经常为孩子过度兴奋而苦恼。孩子上床睡觉的时间太晚，早上起床很困难，整个白天的行为都有问题。当有人指出孩子不该在晚上8点以后喝红茶时，母亲笑了。"我们是俄罗斯人，"她说，"我们可以应付茶。"虽然大多数美国人都能清楚地看出红茶与失眠之间的联系，但美国人有自己的文化假设，对糖与孩子的不良行为之间的联系似乎视而不见。我曾经服务过的一位妈妈为控制她好动的儿子非常挣扎，她尝试了一切，但她竟然不假思索地给他吃冰棒当早餐。给孩子吃含糖麦片仍然是一个严重而且非常普遍的恶习，甚至连有些精明的家长也搞不清食物标签的含义，不确定什么是真正的营养。

在这一点上，请谨慎对待果汁和调味奶。杰米·奥利弗指出，美国孩子每年仅从调味奶中就摄入8磅额外的糖分！果汁和调味奶厂商都推销说自己的产品是健康的，但往往都装满了糖。成分标签上的第一种成分是不是糖或高果糖玉米糖浆？如果是，不要买，或者至少尽量不把它作为一种特殊的待遇，不作为饮食中的固定部分。我觉得花生酱是很不错的健康零食，也提醒家长注意他们给孩子的花生酱与果酱面包上加了多少果酱。你买的果酱越天然，越低糖，就越好。或者更好的是，把草莓或香蕉捣成泥，加到花生酱三明治里，与果酱彻底告别。

我辅导过许许多多多动儿童的父母。孩子难以控制自己的行为，难以安静下来做功课，或是晚上不好好休息。他们都是很好的孩子，或许他们的父母做的也没错，但他们也会在课后零食中给孩子一杯果汁。难怪孩子不能安静下来做功课！再次提醒大家，在那些向我们推广和销售的食物中，糖是无处不在的，我们经常会忘记糖的存在，忘记它和儿童行为之间的关系。

我最近坚持了一个月完全不含糖的饮食。一个月结束后，我大吃大喝，吃了一整碗果冻豆，好像这是我在地球上的最后一餐。狂吃之后，我的身体感觉非常糟糕，不只是当晚，第二天全天也是。这种感觉比前一天喝了一扎啤酒之后的感觉更差。（顺便说一下，英国的女士们从来不会喝光一扎的酒——只有半扎，即使她们有一打一扎的杯子）如果这是糖对我的影响，想象一下糖对一个小小的、正在发育的身体会有什么样的影响！

☐ 你是否为孩子提供多样化的饮食？

我遇到过一个家庭，父母解释说，小男孩只吃香蕉、奶酪棒和鸡块。"你是什么意思？"我问。我担心也许大人也只吃这些。我问他们吃什么。父母说，他们吃的是正常的多样化的饮食。我不禁纳闷，这个家里谁是父母？谁说了算？

如果你每顿饭都给孩子香蕉、奶酪棒和鸡块，他当然还会再想吃。他怎么会知道什么是膳食均衡？种类有限的饮食对孩子不好，为孩子提供健康、均衡膳食的责任在你。偶尔吃一次奶油意面或鸡块，甚至一个星期吃两三次都还好。但是，如果变成"他只吃这些"，饮食就不再平衡了。每天为孩子提供蛋白质、水果、蔬菜和谷物的种类应该不一样。总有一天，这些父母会无法提供鸡块，让上帝保佑他们吧！

☐ 你是否避免让孩子喝饮料？

我已经说过我对果汁和调味奶的观点，但我还是要说，我坚信孩子应该喝牛奶和水，这就足够了。如果孩子感觉不好，我会提供果汁，

爱玛金点子

我不认为所有的果汁都不好——家里自制的果汁就很好！现在有很便宜的榨汁机，我很喜欢！你可以打开冰箱，让孩子挑选蔬菜和水果，用榨汁机做出健康的饮料。这种方式会让孩子们对蔬菜感兴趣，同时也是一种帮你消灭掉你没时间烹饪的蔬菜的好办法！

特别是当我很担心他摄入的水分不足时。但是果汁应该只保留给生病或是其他特殊场合。

另外，注意不要让你的孩子喝水过饱。一餐配一杯奶或一杯水就够了，不吃完所有食物，我就不允许再加水。有一家人曾向我抱怨说，他们的孩子不吃饭。我注意到了他饭前喝了四杯牛奶。他当然不会吃！他已经喝饱了！

□ **你是否避免把"讨厌"的食物从孩子的碗里拿走？**

有时，盘子里的食物孩子并不是都喜欢，他们必须学会如何处理。父母经常会犯这个错误，因为最开始时是个很小的请求——汤米不想要圆形汉堡包，或他讨厌胡萝卜，不想让它们挨着他的通心粉和奶酪。讨厌的食物能很容易地从碗里拿走，所以我们就把它们拿走了。但是这样做却离汤米在饭店里的爆发不远了，因为服务员竟敢把胡萝卜放在他的碗里！你要教他去适应这种情况，越早越好。

如果你的孩子不想要西瓜里的子，你只需告诉他，西瓜就是这样长的。如果他想吃，很好。如果他不想吃，也行。同样，我知道，在他看来，这似乎是一个很小的要求，把子从西瓜里剔出来能有多难？但是，如果孩子看到某些菜里的辣椒子，也希望大人都能帮他挑出去的时候，这就成了一个大问题。父母不应该成为挑辣椒子的人！

爱玛金点子

乱扔食物。孩子 12 个月左右，有时更早，会开始乱扔食物。他们觉得这是一个游戏。你该做的是：

1. 发出警告。可以说："汤米，如果你再扔食物，我就要把它拿走。"

2. 如果他确实又扔了食物，按你说过的做。"因为你扔食物，我要把你的食物拿走了。但是我们其余的人在吃饭的时候，你要好好地坐在那里。"

3. 如果他平静下来，恢复正常举止，再把食物给他。

4. 如果他再扔，重复步骤 1 和 2。

进餐时发脾气。达伦是一个小男孩。在我给他和他 3 岁的哥哥杰克做保姆时，他有 18 个月大。我给两个男孩都做了面条、西蓝花、胡萝卜和猪肉。达伦只吃面条，（听起来是不是很熟悉）把一些食物扔到了地板上。我告诉他不要再扔了，否则我会把食物拿走。他又扔了一次，我就把他的盘子拿走了。然后他的哥哥和我继续吃饭，达伦则一直在尖叫。我们对他视而不见，然后他平静了下来。（有时候，如果孩子哭得太凶，我建议家长把孩子放在地板上，看看有没有帮助。但通常最好把他留在自己的座位上，这样可以让他明白进餐时间要坐在桌旁）杰克和我吃过饭，我切了一个梨，给杰克吃了一些。达伦怒了，他也想要吃梨。我告诉他，他不能吃，因为他乱扔食物，没有挽回的余地了。我并不想强调杰克吃了梨而达伦没有，但我不打算隐瞒这一点。达伦的年龄已经够大了，可以学习什么是原因和后果了：两个男孩都可以选择吃饭时怎么做。杰克好好吃饭，所以可以吃梨。达伦表现不好，所以他没有梨吃。

□ 孩子是否知道他在吃什么？

现在有一个现象，有些菜谱书建议你骗孩子去吃健康的食物。我们可以做加了菠菜的饼干，或混入鸡蛋的奶昔，就和福吉的奶奶一样。但我不同意把食物隐瞒起来。孩子们从小就应该知道西蓝花是什么样子，豌豆是什么样子，学会尊重它们，知道它们来自哪里，明白它们的重要性。孩子们需要了解他们的食物来源。当然，食品仍然可以用有趣的方式呈现。我经常用菠菜做绿色通心粉和奶酪。孩子们也知道里面有菠菜——事实上，是他们帮我把菠菜从冰箱拿出来，然后搅拌到面条里。在三明治或华夫饼上放一个笑脸，傻气而有喜感，不过完全正确。只要确保孩子们知道他们在吃什么就好。

□ 你是否是食品和营养方面的榜样？

爱玛金点子

让孩子尽量多地参与食物的准备过程。让他帮你确定采购清单，然后带他一起去超市。如果孩子年龄够大，他可以拿着清单，帮你去找单子上的物品。如果他想尝试某种新菜，或是其他健康的食品，就让他把东西放进购物车。你在家里准备食物时，让他帮助你——即便你只是在不断讲解你在做什么。

如果你自己饮食不当，你就不能指望你的孩子饮食得当。如果你的孩子看到你在餐桌上看手机短信，或在饭前大嚼薯片，他们也会想做同样的事情。如果你给自己做的饭菜和孩子们的不一样，他们得到的信息是，他们可以对食物有所选择，可以不吃放在他们面前的食物。如果你不和孩子们一起吃饭，你在拒绝给他们树立榜样的机会。可以理解的是，父母两人未必每晚都能与孩子一起吃饭，但是孩子每天至少要有一顿饭是与一位成年人一起吃的，不管是早餐、午餐还是晚餐，即便只有一位家长，甚至是一位祖母或保姆。

□ 对于孩子可能会接触到的零食，你是否会监控其质量和数量？

请把零食放在孩子接触不到的地方。两岁之前，他们应该没有能力打开放零食的抽屉，拿出里面的饼干。再大一些，他们可能更容易找到零食，但是他们应该问过才能拿。

零食要尽可能健康，我强烈鼓励家长在家里限制糖的数量。奶酪、苹果、坚果、饼干、花生酱、毛豆和胡萝卜都是很棒的零食。酸奶棒可以放进冷冻室，冻成冰棍再拿出来。（但要小心糖的含量——有些酸奶全是糖）还可以试试把草莓泡在酸奶里，然后放进冰箱冻起来。

□ 你的期望是否合理？

你可以提高对孩子的要求，期望他们举止恰当，但不要指望他们能在高档餐厅里乖乖坐到四道菜上

> **聪明父母这样做**
>
> 我们买回原味酸奶，然后加入水果或是果泥。孩子们非常喜欢这种做法，并因此习惯了原味酸奶的味道。

完。这是一个不合理的要求。（甚至对许多大人也不合理）在一般的餐厅里，我鼓励家长为小孩子带上蜡笔和纸。不要指望你3岁的孩子能够立刻爱上寿司或是辛辣的食物。可能数年之后，这些食物的味道才会被接受。除此之外的期望都是不合理的。

□ 你是否把甜点当作奖励，但不会很频繁？

如果父母说："你如果把晚饭吃完了，就可以吃甜点。"有些人认为这是不健康的贿赂。我认为这不是贿赂，而是在教导不健康的饮食习惯。你在教给你的孩子，一旦他吃下所有的营养物质，就可以吃甜点了。吃下很多糖分是不健康的，但是大多数成年人不正是这样处理的吗？如果我吃饱了巧克力，我就不想吃饭了，但通常没多久我就觉得很难受，这就是我（通常）在晚饭后才吃巧克力的原因。顺便说一句，甜点不一定是巧克力或饼干，水果是完全可以接受的晚餐后的享受。

此外，重要的是让孩子是孩子。你会希望他们拥有一个正常的成长过程，生日派对有蛋糕和其他美食。孩子们应该知道棉花糖的味道，还有大冷天里的热巧克力。他们应该知道辛苦赚来的整桶万圣节糖果所带来的满足感。如果甜点被视为特殊待遇，而不是家常便饭，那样会很好！

□ 你会让孩子自己选择食物吗？

提供选择并不意味着说："今晚你想吃西蓝花还是比萨？"但是要记住，孩子们喜欢对自己的生活有控制感，这很重要。说到吃，让我们面对现实。除非你愿意强行喂食——对此我不推荐，他们确实有掌握权。如何提供选择，以下是我最喜欢的技巧：

1. 如果你的孩子不吃东西，可以把盘子里的食物分成两份，一份大的一份小的。问孩子要选哪一份。他很有可能会选小的一份。他会觉得是由他在控制，所以会很乐意去吃，你也会很高兴。

2. 让孩子选择晚餐吃什么蔬菜。（再次提醒，选项要限制在两到三个之间）

3. 让孩子参与饭菜的准备过程。他可以摘菜、削皮，或是控制定时器。还有很多不涉及刀和火的工作。这样的参与会让他有控制感。

□ 你是否经常引入新的食物？

同一种口味的食物，你给孩子吃得越多，他就越会喜欢这种口味。我相信，源于这种方式，美国人很小就开始了对糖的嗜好。美国父母给婴儿吃混合水果泥，如苹果泥、梨泥，并且会持续很多年。在英国，家长会更注重给婴儿吃混合蔬菜，而且种类很多。家长定期推出新口味的食物，孩子们也会增加对新口味的喜好。另外，对于晚饭增加的新品种，请不要小题大做。给孩子强调说小朋友们是多喜爱甜菜或类似的话，这容易使孩子起疑心。不过你可以在菜市场里让他们选择新的蔬菜品种去尝试。你也可以尝试来自不同文化的新奇菜式，比如泰式炒粉或法式点心，孩子们会很兴奋。你可以把新的食物品种与有关的文化信息相结合，增加更多的饮食乐趣。真正的兴奋有别于空洞的诱惑，孩子们有能力感觉其中的差异。

□ 如果孩子第一次吃某种食物，但不喜欢，你会坚持吗？

专家说，孩子要品尝12次之多才可以判断他是否喜欢某种口味。某些口味是绝对要习惯的，所以不要放弃。如果你的孩子不吃某些东西，比如土豆泥，不要只是因为他不吃，就转而分给家里其他人。这会让他以为可以由他来决定菜单，传递出的是不好的信号。他可能从来也不会吃，但是只要你喜欢吃，请继续给他们做，拿给他们！

□ 你是否避免用食物做游戏？

通过游戏鼓励孩子吃饭是一个不错的主意，而我在这方面已经付出了足够的精力。"飞机来了——嗖——打开啦！"但是，谁有精力天天这样做呢？不知不觉之间，为了让孩子吃胡萝卜，你要表演侧手翻；为了让孩子吃豌豆，你要做俯卧撑！你可能会笑，但是为了让孩子吃饭，人们会走向极端。停止表演，让食物成为主角。

□ 你是否相信自己对孩子体重的直觉？

如果孩子太苗条，父母有时会觉得自己很失败。他们准备不遗余力地给孩子塞满卡路里，孩子的体重在生长曲线图的位置被他们看作是挑战。确实，有些孩子体重过轻，不够健康，医生和家长有充分的理由予以关注。但请相信你对此事的直觉，不要过分看重体重表。如果处在第十个百分点，甚至是零点百分点，都没有问题——总要有人在此位置，否则怎么会有图表呢？如果你或你的伴侣小的时候个子小，这大概就是你儿子比较瘦小的原因。如果孩子的体重突然下降，应该有原因，需要重视。但如果没有，只要他活泼好动、睡眠良好、体重增加，即使缓慢，同时其他方面也都很健康，请不要只依据一张生长曲线图就判定他是否吃够了。顺其自然吧。我们生活在一个"多即是好"的文化之中，请克制住自己的冲动，不要硬给你的儿子灌下250毫升牛奶，他似乎喝到150毫升就饱了。也不要像一些儿科医生建议的那样，在母乳中加入配方奶粉或是蛋白粉！我听说儿科医生一直在这样做，我认为这简直是疯了。除非你的孩子营养不良，请相信自己的直觉。

你的孩子也能拥有好胃口

我很高兴能分享我在食物方面的发现。因为在这方面，父母可以通过做减法，让自己的生活更轻松，让孩子的习惯更健康。开始新习惯的时机永远不会太晚。请记住，对于孩子的营养问题，最重要的就是学会做减法。除非孩子有医学上的问题，否则孩子吃下的正好是他所需的食量，是很棒的状况。只要你提供多样而健康的选择，他们就会得到需要的营养。如果你不再想着控制孩子的食量，每个人吃饭时都会更愉快。

在营养与进餐之中蕴含着很大潜力，可以帮助孩子在生活和行为的其他方面得到提高。适当的营养会改善睡眠。就餐时间是共享优质相处时间的好机会，我会在第9章进行讨论。晚餐也是教授孩子礼仪举止的好机会，这是我们下一章清单的主题。所以，请把胳膊肘从桌子上拿开，让我们开始吧。

尊重自己引导着我们的道德，尊重他人引导着我们的礼仪。

——劳伦斯·斯特恩，英国18世纪小说家

第**5**章

小小绅士和淑女

礼貌与尊重

问题清单

☐ 你的孩子是否会忍着不打断别人说话？

☐ 你是否注意培养孩子的耐心？

☐ 你是否注意培养孩子慷慨待人？

☐ 你的孩子是否会恰当地提出请求？

☐ 你的孩子是否善待自己的物品？

☐ 你的孩子与小伙伴在一起时的表现是否良好？

☐ 你的孩子是否善待自己的兄弟姐妹？

☐ 你的孩子是否尊重长辈？

☐ 你的孩子是否尊重你？

☐ 你是否清楚谁才是父母？

☐ 你的孩子在公共场合是否举止得体？

☐ 你的孩子是否看起来很体面？

☐ 你的孩子吃饭时的礼仪是否得当？

☐ 你是否教孩子同情他人？

☐ 你的孩子是否理解并会说"对不起"？

☐ 你是否跟孩子强调要讲礼貌？

☐ 你的孩子是否会表达感激之情？

☐ 你的孩子是否和别人恰当地打招呼，恰当地说"再
　见"（还是根本不）？

☐ 你是孩子的好榜样吗？

☐ 你对孩子礼貌吗？你和他们说话时尊重他们吗？

□ 你是否尊重孩子的身体？

□ 你是否尊重自己的物品？

□ 你的语言是否恰当？

□ 你对孩子的能力是否有切合实际的期望？

最近我沿着5号州际公路从洛杉矶到旧金山驾车向北。这条路线我经常走。和往常一样，我觉得很抓狂，因为人们一直在最左侧车道上开，而不仅仅把它用作超车道。幸运的是，我最终跟在了一辆车后面，这位司机和我的习惯一样。他不时地转移到左侧车道超过较慢的车，然后回到中间的车道，再返回到左侧车道超车，再回到中间。我几乎全程都跟着他。我想，他一定是英国人。当他最终驶出公路，我向他敬礼致意。

在英国，人们都很在意不要挡了别的车，因此，超车道是名副其实的超车道。英国的司机做梦也不会去想待在那个车道上。在美国，礼仪不同，虽然这可能看起来像一个足够无辜的差异——一种习惯而已，但这非常说明问题。为什么美国的司机不关心路上的其他人呢？好像他们都急于占住自己的那块路面，没有余地留给礼貌。在自动扶梯上也一样。在全美各地的机场，旅客站在自动扶梯的中间，没有人能得以快速通行。在另一方面，如果你乘坐伦敦地铁，所有行人在下到站台时，都站在扶梯的右边。他们做梦也不会想到站在左边，因为他们担心可能会挡住想快速通过的人。好了，不讨论美国与英国在排队习惯上的差异。如果我的话听起来刺耳，那是因为一谈到礼仪，英国就赢了。我很抱歉，但这是事实。

打我记事起就是这样的。

我的继父是英国皇家空军的一名警察，所以我是在英国的军事基地里长大的，那里也生活着很多美国家庭。每次我们搬到一个新的地方，我和我的弟弟都会寻找基地里的美国孩子。我们喜欢和他们一起玩，因为美国人是最有趣的玩伴。他们勇敢、大胆、自信。他们有很酷的玩具和小玩意。他们在课堂上会脱口说出答案，而英国学生却要遵守不成文的规定，举手发言。他们体现了所有孩子互相欣赏的特点。我记得，对于孩子们在操场上的不礼貌行为，我作为一个孩子反复听到英国的父母说："噢，他们是美国人。"

公平地说，我并不认为英国人一定是最有礼貌的人。这一荣誉应该属于日本人。在日本的一些列车上，服务员每次进入一个隔间都要鞠躬，离开时再次鞠躬。每一个隔间，每一次！我的客户和她的丈夫在京都寻找某家餐厅时，一位餐厅领班甚至离开自己的岗位，亲自陪他们走到他们想去的餐厅——哪怕那家餐厅跟他所工作的这家是竞争对手。日本厕所因配备有发出噪音的机器而著名，这样你不会因为自己小便时发出的声音打扰到如厕的其他人。这样的故事在日本比比皆是。事实上，"非常感谢你"会是你学到的最重要的日语用词。

抛开毫无歉意的文化成见，美国孩子的没有礼貌，错不在传统。**这个现象更多是出于父母的，而不是孩子的原因。父母逐渐降低了要求，他们不再要求或教导子女要有礼貌。**

在我的成长过程中，奶奶和妈妈总是纠正我的不良语言和举止。她们不只提醒我说"请"和"谢谢"，还让我在吃饭时闭上嘴巴，要说"对不起"，起身给老人让座，站直，等等。我妈妈教我在各种情况下如何保持礼貌，教我忠诚的重要性，教给我价值观和传统，教我要负责，要可靠。她为我打下了成功的基础，不是金钱上的，而是生活上的。我学会了必要的技能，有能力做出正确的选择；遇到困难时，有能力努力推进；有能力与人交谈；有能力获得和保持良好的友谊。**这些能力不是天生的，需要学习。父母要负责教育孩子。**

洛林是一位爱尔兰保姆，我们是认识多年的朋友。前不久我去波士顿看望她和她带的孩子。我很多年前第一次见到这些孩子时，他们都还很小。现在，其中一个孩子，萝拉，已经13岁了。她回到家里，看到我和洛林坐在厨房里。"你好，洛林！你好，爱玛！"萝拉喊道，然后就冲上楼去。对此，洛林没有接受："萝拉，请下来。"萝拉听话地走下了楼梯。"萝拉，请过来，好好和爱玛打个招呼。你很久之前就认识爱玛了。你们有一段时间没有见面了。"萝拉坐在我的对面，开始问我近来的状况。我们交谈了几分钟之后，萝拉请求离开，然后回到楼上自己的卧室。

对于一个13岁孩子在回自己房间路上的匆匆问候，我认识的大多数家长和保姆都不会多想。他们会说："她13岁了，你知道那是什么样子。"他们甚至会很高兴，因为她发出了愉快的问候，而不是一声也不吭、气呼呼地上了楼。这样的低标准实在很糟糕。谈到举止，我想我应该再强调一次，我对此感受如此强烈的原因是，礼貌并不是已经被时代抛下的过时观念或习惯，礼貌是基本的。**事实上，礼貌就是尊重。**

没礼貌的孩子不尊重他的玩具、朋友、兄弟姐妹。最糟糕的是，不尊重他的父母。我为问题家庭做咨询时，会仔细察看他们的孩子如何对待周围的世界。他们是不是认为周围的一切都围着自己转？举例来说，我曾经为一位3岁男孩的母亲做咨询。这位母亲是一名幼儿教师，深谙有关纪律的技巧和儿童常见的问题，但是她无法带她的儿子去参加小朋友的聚会，因为他的举止会出格。他会攻击其他孩子，向其他孩子扔玩具。查看我的清单，你很容易就能确定这孩子的问题出在尊重方面：对妈妈的尊重，对朋友的尊重，对玩具的尊重以及对自己身体的尊重。在这位妈妈对此问题变得充耳不闻之前，她需要立刻予以解决。**虽然有些家长已经习惯于孩子对自己不好，我依然认为这是一个非常严重的问题，会在孩子生活的各个方面产生影响。如果孩子不尊重自己的父母，他们还会尊重谁？还会尊重什么呢？**

今天的父母看重的是把孩子送去最好的学校，参加有用的课外活动，但他们最应该做的，是培养孩子对他人的尊重，培养他们具有良好的道德和价值观——这是我们已经丢失的应该勾选的项目。现在的孩子学习足球或是钢琴，但他们不学习说"请"和"谢谢"。他们与人交谈时，不看别人的眼睛。他们不给年长者让座。他们咀嚼时不闭着嘴巴，不等所有人都落座了才开始吃。在这方面，是父母造成了孩子的失败。他们没有教给孩子尊重那些生活在他们周围的人，而这种品质是其他许多事情的核心。礼貌和尊重会影响孩子未来的一切，包括他是否能通过面试找到工作，是否能善待自己的伴侣。换句话说，你必须足够重视并正确地做到本章的清单。

□ 你的孩子是否会忍着不打断别人说话？

所有的孩子都会打断别人说话，而我会仔细观察家长如何处理这种情况。请告诉你的孩子说"对不起"之后，才能打断别人的交谈。请立刻回应："谢谢你说'对不起'，但我还有话要说，所以请稍等，我说完了，就会尽快来找你。"这一简单的回应是为了让孩子明白，他并不是世界的全部。轮到他说话的时候，请一定要告诉他："谢谢你耐心的等候。你有什么问题？"

□ 你是否注意培养孩子的耐心？

如同前面的问题，礼仪和耐心有着千丝万缕的联系。这里有几个问题，有助于你了解你是否在帮助孩子学会等待：

1. 孩子向你要一杯牛奶时，你是不是放下手头的事情，立刻拿给孩子？

2. 你在打电话，孩子需要某件东西时，你是不是停止谈话，立刻拿给孩子？

3. 在车上，如果你正在应付一段复杂的路况，而孩子却吵着要听他喜欢的电台，你会不会气冲冲地换台？

4. 如果你的孩子想玩某个玩具车，但是别人正在玩，你是教给他必须等着轮到他再玩，还是找一辆别的车给他？

5. 如果你的孩子想离开饭桌，即使别人还在继续吃，你会允许他离开吗？

在诚实的前提下，如果你对上述问题的回答都是"是"，那么下一次你遇到类似的情况，请改变你的回应方式。你要告诉孩子，他们不会想要什么就有什么，也不会什么时候想要都能有。何时开始教他们都不会太晚。这里只有一个例外：如果你训练孩子上厕所，他说他要上，你一定要放下一切，尽快带他跑到厕所去。除此之外，对于孩子想要的东西，要让他们学会等待，并帮助他们认识到忍耐的宝贵价值。

□ 你是否注意培养孩子慷慨待人？

谈到慷慨，我们总是能从小见大。如果你和孩子还有朋友在公园里玩，孩子正在吃薯条，请让他与你的朋友分享。如果有朋友过来看你，或者你的孩子有朋友来访，让他养成习惯，给访客提供食物或饮料。这是非常好的练习，能培养出很好的礼仪。鼓励你的孩子

爱玛金点子

角色扮演是教给孩子礼貌的绝佳方式。我最喜欢的一个游戏是"茶席上的老人家"。你可以按照你的喜好决定游戏的精细度，可以放上真的食物和茶，或者只是玩具茶具。大家都打扮起来，（我保证，男孩子也很喜欢）处处礼貌地交谈。"哦，亲爱的，我喜欢喝茶胜过一切，非常感谢你！""能否麻烦你给我一块面包？哦，太感谢了，真令人愉快！"

向需要之人伸出援助之手，同时也要教他学会判断，保证自己的安全。大一些的孩子可以帮助妈妈把童车推下台阶。小一点的孩子可以拾起别的孩子掉落的奶嘴或被单。虽然都是很小的事情，但是积累起来，就会成为经营人生的重要方式。

□ 你的孩子是否会恰当地提出请求？

从孩子可以说出"请"字开始，他就要开始说这个字。事实上，这个习惯可以更早，从婴儿手语阶段就可以开始。

虽然"请"只是一个字，但它奠定了一个基础。你的孩子是不是常说"我想要……"？如果是这样，请告诉他："我想要，是要不到的。请说'请问我是不是可以'或'请问我能否……'。"同样适用"我需要……"的回应是："你不需要。你可能是想……"我不能忍受孩子直接提要求——我觉得这样太无礼了。

□ 你的孩子是否善待自己的物品？

想象一下这样的场景：你的孩子放学归来，脱下外套，扔在地板上。你会选择下列哪一种做法？

A. 把它捡起来，挂在挂衣钩上。一般你会叫他来做，但他刚到家，正处于过渡阶段。

B. 告诉他，他要把衣服捡起来，放在适当的地方才能去做别的事情。

C. 把衣服留在地板上——过一会儿他自己会动手的。

正确答案是 B。把外套拾起，或是等他自己动手，貌似简单，但你必须更全面地考虑。想想你希望他明白的道理：要尊重他的物品，尊重你们的房子，而且尊重你。**外套不是重点，重点是尊重。**

对于年幼的孩子，前提是一样的。如果我看到一个孩子乱扔东西，像前面提到的那个 3 岁孩子，他的行为就像闯入瓷器店的公牛，除了自己想做的事，他还没有学会尊重任何东西。要教育他尊重自己的物品。对于一些幼儿和学龄前儿童，一个很好的教育工具是带封套的书籍。在美国的很多家庭里，如果儿童读物配有封套，父母会直接扔掉，认为它只会被撕坏。我不同意。如果孩子够大，能看配有封套的书了，你可以解释说，封套是用来保护书的，让你很多年以后还可以阅读它，欣赏它。你读过之后，别人也可以继续阅读和欣赏。你还可以解释说，珍惜书籍很重要，注意不要撕书页或是封套。如果孩子撕封套，说明他还没有准备好。把书拿走，过段时间再试。

教导孩子尊重自己的物品会教给他们尊重的意识和责任感。我认识的一个8岁男孩和家人去滑雪，他把滑雪衫忘在了出租车里。这是一件很贵的衣服，而且也还没到该淘汰的时候。父母告诉孩子，因为他没有滑雪衫，他不能参加下一次（一整天）的滑雪活动了，那件滑雪衫该由他负责。和我们一样，孩子偶尔会丢东西。你认为这个8岁的小男孩会更小心地看好自己的外套吗？当然会。与此相反，我认识的一个12岁孩子弄丢了笔记本电脑。他还没有机会怀旧，父母就给了他一个新的。如果你轻易抛弃旧物，就好像它什么价值也没有，你就是在教你的孩子，他可以把一切视为理所当然。他既学不会感激，也学不会更好地管理自己的物品。

□ 你的孩子与小伙伴在一起时的表现是否良好？

乍一看，如果一个孩子对别的孩子不好——尤其是他打、踢或咬别人，问题很容易诊断，这是一种攻击性行为。我认为更重要的是父母应该帮助孩子认识到以下几点：

1. 他不是世界的中心。

2. 其他人是有感情的，身体和其他方面会因此受到影响。

3. 他必须尊重他人。

如果家长仅仅把打人和踢人作为攻击性行为来考虑，他们就没有抓住重点。孩子可能会多学到一些关于如何处理身体上的冲动的知识，却没有学到如此行事的背后所包含的重要价值观。

孩子们也应该知道，和别人分享玩具是礼貌之举。如果他们想在小朋友的聚会上交一个朋友，这是他们必须做的。我总是让孩子选出一个他们不想分享的玩具，让他们在聚会开始前收到柜子里，但他们要分享其余的全部玩具。让孩子对朋友说"谢谢你过来"是很重要的。如果他们去别人家参加聚会，对朋友的接待与分享说"谢谢"也很重要。

公园是另一个显示出礼貌和尊重是否有问题的重要环境。如果必须等着玩秋千，你的孩子会不会很生气？和分享一样，排队是礼仪学习中非常重要的一课，这是你的孩子首先要学习，也是必须要学习的礼仪之一。如果操场像一个战场，不要忽视它，不要让你的孩子带着不良行为逃脱。请花时间去教你的孩子与其他孩子分享公园设施所需的耐心，否则他必须离开公园。

□ 你的孩子是否善待自己的兄弟姐妹？

兄弟姐妹之间会争吵。大多数情况下，我主张让他们自己解决。他们必须学会没有你在一旁做裁判的情况下自己解决冲突。但以下情况我也会介入：其中一个孩子还非常小，需要保护；发生谩骂的时候；其中一人语气粗鲁的时候或有任何暴力行为的时候。除此之外，其他情况下你都应该教孩子要尊重家里的每个人。告诉他们如何尊重对方的空间、对方的身体，然后让他们自己来处理余下的事情。

□ 你的孩子是否尊重长辈？

在我成长的20世纪八九十年代的英国，一般的社会规则是，任何成年人都可以批评儿童。从老师到朋友的父母到商店老板，儿童的行为可以任人评说。因此，我明白大人是权威的来源，是值得尊重的。无论我妈妈是否在场，我都要对自己的行为负责，我清楚地知道这一点。今天，无论是在美国还是在英国，我们的生活更加私人化。孩子在公开场合的行为也变成了父母的私事。我并不是说这个趋势不好，但我确实认为它有一些消极的后果。也就是说，我们的孩子对成人的尊重不够。

在过去的一些英国家庭里，有时大人和孩子之间的界线太过分明，我并不喜欢孩子被视而不见的状态。我认为应该有一个中间地带。现在有些孩子与公交车司机、商店店员和老师的说话方式实在令人惊诧。我并非古板到认为孩子们必须总是称大人为"先生"和"小姐"。但如果有人介绍自己是"斯诺先生"，孩

> **聪明父母这样做**
>
> 我用童书来教孩子学习礼貌，这样，道理就不只是来自于我！《乡村兔子和小金鞋》讲的是兔妈妈教它的孩子如何管家，教它们在吃饭时帮妈妈拉椅子。因为这位兔妈妈的教导被认为是"明智的"，因此它被选为复活节兔子。

子应该记住，并这样称呼他。医生应该被称为"某某医生"。同样，如果只有一张空椅子，应该由成人来坐。今日今时，当孩子的需求经常超过所有人的需求之时，如果你能教你的孩子给一个成年人让位，你确实做得很好。

□ 你的孩子是否尊重你？

我认识一位儿科医生，他告诉我，父母带孩子来看病，孩子当着他的面对自己的母亲说："闭嘴，妈妈。"他感到很难堪。妈妈看着医生，很不好意思地耸耸肩。这位医生觉得自己有必要介入，他经常会问家长是否需要他的帮助（在某种程度上，他确实有技巧），如果妈妈或爸爸同意，他们就先从尊重开始。如果一个4岁的孩子用这种方式和他的妈妈说话，这个问题只会随着孩子的长大而日益严重。孩子对任何人这样说话都不好，更何况是对长辈或是自己的父母。父母对这种情况一刻也不应容忍！

蒂娜·菲在写给女儿的幽默祷词中说："有一天她冲我发脾气，在霍利斯特面前叫我母狗时，主啊，请给我力量，让我当着她的朋友，把她直接拽进出租车拉走。我不会受她的气。我才不会。"请从蒂娜的祷词中吸取灵感，并确定你不会受那个气。无论是孩子十几岁时把他塞进出租车，还是他蹒跚学步时把他从游乐场带回家，要让孩子明白，不尊重他人的行为会有不利的后果。**当我们不再容忍这样的行为时，无形中我们就提高了标准。**

□ 你是否清楚谁才是父母？

这个问题与上面的问题紧密相关。如果你和孩子没有明显的边界，他就会对你说"闭嘴"，你还没有向他显示出你作为家长拥有的权力。但这并不是说你不能同时是和蔼的知己、智慧的参谋，或者一个傻傻的玩伴。**但你永远、永远都是父母。你的孩子不会总是喜欢你，那也没关系。**事实上，如果你的孩子总是喜欢你，你一定做错了什么，相信我！

有两个家庭受邀到我朋友哈丽家吃饭，其中一家人有一个9岁的男孩。孩子对端上来的菜肴指指点点。他的父亲就坐在他旁边，本有机会对儿子说的话有所反应，但他没有坚决地纠正儿子的粗鲁行为，反而笑了。这很典型地表现出一位更想做孩子密友、不想做权威人物的父亲的形象。如果不做改变，那个孩子不会尊重他的父亲。我们不能允许这种模糊的边界。

☐ 你的孩子在公共场合是否举止得体？

和我在英国一起长大的那些孩子，总是和父母一起去餐馆、杂货店，一起去朋友家吃晚饭。我们被当作能够举止得体的小人儿来对待。我们知道如何表现得体。

你会不会因为害怕孩子的行为不得体，再三考虑要不要带他出去办事或外出吃饭？如果你不愿带他出门，你该认真想想其中的原因了。

大多数孩子都有在外面闹腾的时候，如果你的孩子也是这样，并不意味着他没有礼貌。从整体上来说，他是否明白大人对他的行为举止的期望，因而会在餐厅里好好地坐着？他是否被允许敲打餐具，说话时的声音大而不当？他是否会意识到周围有其他食客，还是觉得这世界只围着他一个人转?

公众场合的不良行为所面临的特殊挑战是，父母会不顾一切地阻止这一幕的发生。孩子们知道这一点。如果你的儿子想要巧克力布丁，他会等到和你一起外出用餐时提出要求。他知道你会为了防止发生意外状况，更有可能满足他。不要让孩子的小计谋得逞。我会在第7章对此进行更多的讨论。这里的关键是你要放下对尴尬的恐惧，旁若无人地处理孩子的问题。其他家长会尊重你对孩子的严格要求，如果他们不是这样，那是他们有问题。我们必须支持这样做的家长，不评判他们。让孩子在杂货店里发脾气的家长也大大好过给孩子买一直坚持不买的棒棒糖的家长。

☐ 你的孩子是否看起来很体面?

参加过面试或高档宴会的人都知道，外表很重要。涉及孩子的外表，我全力支持让孩子表达自己，完全不在乎他们外出时的搭配，不在乎他们把波尔卡圆点、格子花呢和条纹混搭在一起。但是，如果他们要和你一起去一家高档的餐厅，那就必须梳好头发，穿着恰当。如果他们不愿意，也可以不用穿配套的袜子和裙子，但他们应该按场合着装。他们必须遵守要去的地方的规则。**我认同应该给孩子们足够的空间——如果不涉及安全或尊重问题，我基本上放手不管，但是也有很多是关于尊重的问题，注意着装场合就是其中之一。**

爱玛金点子

有些孩子性格内向，很难让他们看着大人的眼睛打招呼。我们在了解并珍惜孩子的内在天性的同时，也要帮他们树立信心，让他们学会与周围世界良好互动的技能。如果孩子不愿意，他不必与人拥抱、亲吻或是握手，但是一旦他会说话，别人和他说话时，他一定要打招呼。这可能需要很多次练习，很多次提醒，他才能按你的要求去做，但是不要放弃。要让孩子明白，在礼貌问候他人的同时，如果他愿意，他可以继续做自己，保持自我。

☐ **你的孩子吃饭时的礼仪是否得当？**

我在第4章谈到过进餐礼仪。这里我再讲几个重要的、而且我觉得很有启发性的故事。有一次，我奶奶来吃饭，我们吃完了饭，坐在桌旁。大人们在说话，小孩子不能离开。（我的一个关于现代化的痛处：美国的孩子吃得太快了，吃完了就跑离饭桌去玩他们的平板电脑或游戏机——或者更糟，把平板电脑拿到桌上来玩）我很无聊，想再吃一些奶油豌豆，就把自己的叉子插进了菜盘里。奶奶立刻拍了一下我的手，却不小心碰到了公用的勺子，豌豆被弹得到处都是。大家都放声大笑起来，我也得到了教训：用自己的叉子去盛取食物很不礼貌，是不被接受的。

在另一个场合，当我和哥哥在晚餐中举动出格时，妈妈让我们去露台上的花园桌上吃饭。"如果你们的举止像动物，"她告诉我们，"你们可以像动物一样在外面吃饭。"虽然我并不是建议孩子表现不好时，就罚他们去外面，但我妈妈提出了一个有意义的问题：你的孩子是表现得像个小小的绅士或淑女，还是像动物？他们是否尊重你，珍惜食物，尊重你准备饭菜的劳动？进餐时非常适合教导孩子礼仪的重要性，所以不要错过这个机会。

□ 你是否教孩子同情他人？

让孩子懂得其他人是有感情的，是让他学会尊重他人的重要基础。让他学会同情他人的最好方法，是从小就跟他谈论感受。大多数专家说孩子到4岁时才开始发展同情心，但我看到过不到两岁的孩子走过去拥抱另一个正在哭的孩子。

给三四岁的孩子读故事书时，你可以说："那只猴子看起来很难过，是不是？可怜的猴子！你是不是觉得它在想念它的妈妈，所以很难过？"或者是在现实生活中，你可以这样说："汤姆很伤心。为什么你认为他伤心？你觉得我们可以怎样帮他，让他感觉更好？我们是不是可以问问他有没有事，问问他是不是需要一个拥抱？"对于大一些的孩子，让他们给你讲一个聚会的故事，重现奶奶打开礼物时脸上的表情——越夸张可笑越好！对于2岁~4岁的孩子，这是学习与感受相关词汇的好办法，也可以跟他们一起探索与情绪相关的面部表情。对于年龄稍大的孩子，可以利用这个游戏和孩子简单聊几句如何体察他人感受。

问孩子几个问题：奶奶的表情如何？送礼物的人表情如何？孩子们看到自己的亲人这么高兴，感受如何？下一次参与礼物交换时，他们会做些什么来创造欢乐？

我的朋友杰西卡和她的丈夫最近与5岁的女儿看了一部电影，影片中有一幕很悲伤。女儿说："我看到悲伤的脸时，感到很难过，我不知道为什么。"杰西卡认为这是她作为父母最值得骄傲的时刻之一。她眼含热泪，说："宝贝，这就叫作同情。"

□ 你的孩子是否理解并会说"对不起"？

我会在后面的章节更详细地讨论这一话题。我们谈论礼貌和尊重时，"对不起"是一定要涉及的。如果你的孩子行为出格，打了其他的孩子，他必须道歉，而跟道歉同样重要的，是他必须明白他为什么道歉，他对别人产生了怎样的负面影响。你可以说："你打埃瑞克的时候，你觉得他有什么感觉？……是的，感觉很不好，我敢肯定，你伤害了他的身体。你觉得自己的感受如何？"这样就奠定了道歉的基础，而不仅仅是生搬硬套。

□ 你是否跟孩子强调要讲礼貌？

我要对你进行另一项突击测验。情景是这样的：你5岁的孩子去他最好的朋友家参加生日派对，现在你来接他。他飞奔出门，没有和主人说"再见"，甚至"谢谢你"也没说。你会怎么做？

> **爱玛金点子**
>
> 你可以跟孩子玩聚会游戏，让孩子们假装过生日，打开想象中的礼物。帮助他练习在打开每份礼物后停顿一下，看着赠礼者的眼睛，然后向他或她表示感谢。

A. 不管他。你代表孩子感谢主人和过生日的男孩。毕竟他太兴奋了，不太可能想起来说"谢谢"。

B. 在孩子身后大叫，要求他道别。如果他能举起手臂，敷衍地挥舞一下，你就觉得不错了。

C. 让孩子回来（即使你要追上他，动手把他拉回来），要求他恰当地感谢主人，说"再见"。

正确的答案当然是 C。如果你回答 A 或 B，不要绝望——我们都会有一两次疏忽礼仪的时候。加强礼仪训练从什么时候开始都不会太晚。

确实，加强礼仪训练是乏味的。当孩子还不能恰当提出要求时，你可能要说上一千遍："你能不能再试一次？""哎呀，你是不是忘了说些什么？"提醒孩子经常使用"魔力词语"，如果他不说"请"，或态度不够礼貌，就不把他想要的东西给他。外出吃饭或赴宴之前，提醒孩子应该注意哪些礼仪。让他们提前知道，即使是他们不喜欢的食物，也不能说食物不好。如果孩子已经 4 岁了，我会让他知道，即便对端过来的饭菜没有兴趣，他也要吃几口，而且一定要感谢主人。事后，如果孩子举止得当，告诉他，他的举止完美，彬彬有礼，你为他感到骄傲。

我的一个朋友在她女儿 4 岁时有过一次尴尬的——也许很常见的——经历。圣诞节时，有一位叔叔送了一本书给她的孩子。小女孩打开礼品包装后哭了起来。这不是她期待的礼物，她不想要，就很大声地说了出来。我的朋友羞愧难当，抓住她的女儿，把她带出了房间。这位母亲平静地向女儿单独解释，为什么她的反应不对，为什么她的举动很不礼貌，会伤害叔叔的感情。"想象一下，如果你送礼物给别人，礼物是你花了很多时间精心挑选的，你送给别人时，他是那样的反应，你会是什么感受？"小女孩不高兴了一会儿，但最终还是回到客厅，向叔叔表示了对礼物的感谢。第二天，已经摆脱郁闷的女孩说："妈妈，我只是想说我不想要这本书，昨天我不知道自己不应该这么说。"换句话说，这一经验具有塑造性，对孩子的培养非常重要。理想情况下，妈妈应该在赠礼活动之前就和孩子进行这番谈话。好在她很恰当地把这个圣诞节的经历当成了一次母女两人共同学习的机会。

□ 你的孩子是否会表达感激之情？

发送感谢信、说"谢谢"是必不可少的礼貌，你们可以一起使之成为一个有趣的活动。如果孩子很小，他可以为你写的卡片做装饰。如果他三四岁，也许他可以在卡片上签名。如果他更大一些，可以亲自写卡片，并加上提示。即使只是打一个电话说"谢谢你"，你对它的强调也会向孩子显示，感受与表达感激非常重要。一定要强调的是，感恩不仅是享受礼物或聚会——也是对我们身边的人，以及生活中的幸运之事心怀感激。**感恩之心会阻止不知珍惜的倾向。**如果你觉得并非一切都该是你的，你就会心怀感激。

爱玛金点子

写感谢信不一定非常繁琐。你可以做一个盒子，放入手工纸、笔、胶棒和闪光装饰，然后贴上标签，写上"感恩盒子"。到写感谢信的时候，你的孩子会兴奋地拿出这个盒子。或者，在你写感谢信时，和孩子一起坐在桌旁，共同完成，享受写信过程中的美好亲子时光。指导他们尽可能写得具体："我爱你送给我的积木，我每天早上都玩。"这大大好于"谢谢你的礼物"。但是不要让孩子夸大对礼物的喜爱，这会造成对诚实的错误引导。如果礼物不合适，他们可以写："谢谢你送的积木。你能想着我，真是太好了。"

□ 你的孩子是否和别人恰当地打招呼，恰当地说"再见"（还是根本不）？

和我曾经一起共事的一位厨师对于其他同事离开时不说"再见"非常恼火。"到晚上结束，"她抱怨说，"我不知道谁在，谁不在，所以我不知道谁想吃东西。"她已经习惯了在欧洲工作。她说那里的人更能清楚地意识到自己的生活习惯和行动对其他人的影响，所以她的美国同事进进出出一言不发时，她感到很苦恼。

很多孩子都像萝拉（就是我在本章开头讲到的我的朋友洛林照顾的那个孩子），他们匆忙走过，如果打招呼，也会非常简短。但我要说有意义的"你好"和"再见"是简单而强大的表达，握手也是一样。孩子大一些以后（4岁左右），就要学会和大人握手的艺术，要学会充满信心地握手，保持眼神接触，动作坚定有力。我面试过的应聘者中有人不看我的眼睛或是寒暄时的握手没有力量。这些缺乏信心的微妙迹象都影响我对他们的看法，其作用不亚于他们的简历和对面试问题的回答。也许，信心根本不是问题，也

聪明父母这样做

我们的儿子有他自己写感谢信的工具，每次收到礼物后他都发感谢信。他只有15个月大，当然信是我写的，但是他会在信上印上一个湿乎乎的亲吻。每次发信之前，我们都要把信读一遍。

许只是从来没有人教过他们该怎么做。但在所有的面试中，我都把这些看作是信心的问题，而面试者的看法关系重大。当然，你6岁的孩子还不太可能很快就要申请工作，但这些习惯是要从小就开始培养的。

□ 你是孩子的好榜样吗？

我经常看到父母之间不能平静交谈，而是互相喊叫，或是相互指责。父母之间互相命令，而不是说"请"和"谢谢你"。每个人都会时不时赶上一个倒霉的日子，总有一些时候会发脾气，状态不佳。但总体来说，如果你对周围的人不礼貌，你的孩子也学不会礼貌待人。如果你不尊重你的律师，或是代驾的人，你的孩子也学不会如何对待别人，以及如何采取适当的行为，如何恰当地与人交谈。孩子在模仿一切，他会反映出你表现的形象，无论是有意的，还是无意的。

在你挥手勾去此项之前，审视一下你一直以为无可挑剔的行为，考虑一下你是否有下面这些随处可见的成人的

不礼貌行为。

1. 如果你在打电话，有人替你开门，你会为了说"谢谢"而停止交谈吗？

2. 你是否会在收银台前打电话？一些咖啡馆和商店会有标志提醒顾客不要这样做。我认为这是对基本礼仪的很好的提醒。

3. 你的伴侣或者其他人在和你说话时，你是否会看着她/他的眼睛，表示你在聆听？

4. 你是否会把手机、笔记本等电子设备带到饭桌上？是否在和别人一起吃午餐时查看你的手机？

5. 如果有人在车流中为你让路，你是否会挥手表示感谢？你开车时是否也会给别人让路？

6. 你是否把说"请"和"谢谢"当成习惯？

7. 你在咀嚼时是否闭着嘴？

8. 你是否在嘴里塞满东西时说话？

9. 你是否用尊重的口吻说话？

10. 你是否会及时回复写着"敬请赐复"的邀请函？

11. 你是否会打断别人的说话？

12. 你是否会为了等其他人而不让电梯门关上？

如果你的举止不够完美，不要担心，我并不会认为你是怪物！（除非你在高速公路上始终行驶在左侧超车道上，我已经说过这种情况会让我疯掉）能够意识到这些行为就打赢了文明之战的一半，真的，所以请记录下来，看看你能有多大进步。

□ 你对孩子礼貌吗？你和他们说话时尊重他们吗？

请思考一下：你最近一次叫你的孩子到桌边来，你说什么了？你是说"请到桌子这儿来"，还是说"到桌子这儿来！"如果你要的东西在孩子身边，你是说"请递给我那个包，好吗？"还是说"把包递给我""我要那个包"。孩子把食物留在盘子里，你是否先问过他后才把你的叉子伸过去挑一口，你越多地和他们用到礼仪，他们就会越多地效仿。就这么简单。

□ 你是否尊重孩子的身体？

我在第2章谈到过这一点。对于年龄较小的孩子，尊重他们意味着你在抱起他们的时候，让他们知道你在做什么。对于大一些的孩子，这意味着要征询孩子的意见："我能拥抱你一下吗？""我可以抱你起来吗？"如果他们说"不"，你需要尊重他们的"不"。孩子需要拥有一些自主权——对于他们该不该被拥抱，他们应该有控制权。这对兄弟姐妹的彼此了解也是重要的一课。

让我们来看看这一幕场景。这在我服务过的一个家庭里很常见。姐姐凯莉4岁，喜欢拥抱妹妹。妹妹苏西两岁，她有时候喜欢这样，但有时也会哭。如果我告诉凯莉别这样做，她会停下来，但她想不明白"停下来"的要求源自尊重的基本需求。所以我说："你拥抱妹妹很好，但她现在哭了，不开心。你要尊重她的身体，她现在不想要拥抱。"

第二天，局面改变了，苏西想要拥抱凯莉，但凯莉没心情。"爱玛，我不想要拥抱。"她说。

我试图将此事转向好的方向，所以稍稍推了一下凯莉："只要抱一下，她就不会烦你了。"

"不，"她坚持说，"我不想要。"

"好吧，"我说，"苏西，凯莉现在不想要拥抱，但我想要。你可以过来抱抱我吗？"苏西走了过来，抱了我一下，事情得到了解决——至少这一天！

□ 你是否尊重自己的物品？

你是否会好好照管自己的物品？你的书籍是扔在地板上，还是整齐地码好？你是否会好好照管孩子们委托给你照管的那些物品？举例来说，如果他们把自己努力完成的一件艺术品交给你，你却随便扔进抽屉里，那就是不尊重。我看到很多孩子，因为妈妈把他们给她做的物品放进抽屉里，而不是展示出来而哭闹。当然，孩子会创造很多作品，你不可能把所有的东西都小心保留起来。但要在他们面前展现你是如何对待这些作品的，向他们表明你对这些作品的尊重。我妈妈仍然在她的架子上保留着一只陶土猪，那是多年前我弟弟给她做的。虽然做得不完美，和其他物品也不太搭配，但她珍惜它，并把它放在一个展现荣誉的地方。

□ 你的语言是否恰当?

你是否会说咒骂的话？如果你会（让我们面对现实，我们大多数人都会这样做），请特别留意不要在孩子面前这样做。我的成长过程非常严格，但是在我妈妈和继父生了一个孩子之后，他们放松了警惕。我妹妹两岁时，她坐在桌旁吃消化饼干，饼干从盘子里掉出来，掉在了地上。饼干掉在地板上时，她的小嗓子在喊："妈的！"我永远不会忘记我妈妈睁大了眼睛看着我。她不是在指责我教妹妹这样的话——我妈妈知道我从来不会咒骂，因为她从来不会容忍我说这样的话，她震惊的是我妹妹是从她那里学会了这个词。妈妈受到了打击。即使是在最绅士有礼的英国家庭中，你也必须像对孩子一样严格要求自己，因为孩子会模仿父母。

□ 你对孩子的能力是否有切合实际的期望？

孩子需要一个可以跑出去玩、可以大声喧哗的场所。如果他们还没有机会到这样的场所"撒撒野"，不要带他去吃高级的晚餐——孩子们不可能一直保持适宜室内的音量。不要指望一个1岁的孩子能长时间安静地端坐在餐厅或厨房的桌子旁。小小孩——尤其是男孩，喜欢寻找诸如打嗝声、嘟嘟声这样的热闹，不让他们这样做是不公平的。如果你的儿子打嗝，然后大笑，不要把它当成一回事。要让他知道，虽然这在餐桌上是不能接受的，但它也是一种自然现象。你的角色是引导孩子的行为，但你也要让他们引导你。你管教太严时，会有机会体会我所说的。你应该因此而庆幸，并向你的孩子致谢。

恰当的成长

请想一想礼仪有多么重要。我们都知道，聚会上令人讨厌的人一定要在每件事上都占上风。她的病更严重，她的旅行更加精彩，她的孩子更有成就。如果她能对自己在别人心中的形象有任何了解，她会立刻停止交谈。但她不知道，很可能是因为从来没有人教过她。请教育孩子举止得体，防止他们成为聚会上令人讨厌的人。

我们希望自己的孩子有信心，如果礼仪规定有什么事情不该做，他们会说出来。但是我们也不希望他们凡事都墨守成规。我觉得美国人在自我肯定方面很棒，希望英国人可以学习这一点。无论你是否承认，英国人有时确实把礼仪看得太重了。比如，他们对排队的神圣性太过热衷，对此非常严厉，即便有人真的很急，他们也不会让他插队。

爱玛金点子

我可以专为礼仪写一本书。有一些基本礼仪是你永远不能忘记，同时也要鼓励你的孩子去养成的：

基本礼仪——

- 注意说"请"和"谢谢"。
- 把座位让给长者、孕妇以及其他比你更需要帮助的人。
- 说话时要和对方有眼神接触。
- 说"你好"和"再见"。
- 咳嗽和打哈欠时捂上嘴。

绝对不能做的——

• 不要打断别人说话。

• 不要隔着别人说话。

• 不要爬到家具上。

• 不要插队，按顺序来。

就餐时——

• 端坐在桌旁。

• 吃东西时闭上嘴巴。

• 嘴里塞满东西时不要说话。

• 等到大家都到齐时才开始吃。

• 恰当使用餐具，不要像一个原始人。

习惯是常规的有益约束，它让愚蠢之人生活体面，让不满之人生活平静。

——乔治·艾略特

第6章

有关时间和地点的一切

时间安排与惯例

问题清单

☐ 你的孩子是否有常规惯例?

☐ 你的孩子是否知道惯例是什么?

☐ 孩子的饮食与睡眠是否有固定的间隔?

☐ 你的孩子在家里的时间是否刚好合适?

☐ 你的孩子是否有时间去探索、去使用他的想象力和创造力?

☐ 你是否鼓励孩子自主游戏,而不是随时陪在他身旁?

☐ 时间表里是否包括主题活动时间?

☐ 你的孩子是否有户外活动时间?

☐ 时间表里是否有安静的时间?

☐ 时间表里是否有活动或运动时间?

☐ 你的孩子是否能够专注于诸如家庭作业这样的活动?

☐ 你安排的过渡时间是否足够?

☐ 完成任务之后,是否有游戏时间和奖励?

☐ 你是否限制孩子看电视?

☐ 你是否限制所有看屏幕的时间?

☐ 孩子的所看所玩是否恰当?

☐ 必要时,你是否灵活?

☐ 你是否能接受孩子四处探索和自由地奔跑时把自己和周围搞得很脏(在合理范围内)?

时间表这样的主题似乎不会出现内容过量、富有争议的问题——和睡眠问题比起来，它当然不会。然而，据我观察，在这一问题上，家长往往会陷入两个不同的阵营。一个极端是，他们抵制"常规"，好像它是脏话（尤其是当孩子很小时）。他们不想成为严格的父母，他们的生活已经完全迷失在对宝宝睡觉时间的迁就中。他们一直相信，如果自己保持灵活的时间安排，孩子也会学着这样做，因而更容易度过一个毫不费力、顺其自然的人生，更容易在拥挤的青年旅馆安然入睡，如同身处昂贵安静的房间。另一个极端是，父母们拥护时间表到了相当严格的地步，他们过度地规划时间。"星期二了，今晚必须游泳。"孩子的档期都排满了，如果自由时间太多，父母和孩子甚至会感到不安。

这个问题出现两个极端并不令人惊讶。毕竟，一种育儿趋势往往会反映出另一种育儿趋势。时间安排松散的家长容易受到来自学校和社会主张"越多越好"的压力。顺便说一下，这一信号绝对是无处不在的。AT & T 公司近期有一系列广告，其中一个 6 岁的孩子接受采访，主题是"更多"。孩子们断言，做两件事情就是比做一件事好，更多比更少好，较快比较慢好。该广告是说着玩的，但反映出一个非常可怕的趋势。有的家长是契合这一潮流趋势的。有些家长则逆流而动，决定采用不同的方式。他们希望孩子整天除了玩不做别的，视结构化时间为敌人。

对于这一切，我觉得没有必要着急做出反应。那些耳熟能详的名人名言就足以说明问题，就像王尔德所说的，"一切都在适度之中，包括节制"。我非常支持经过深思熟虑的时间表——孩子们会在时间表和常规惯例中茁壮成长。

与此同时，时间表也不应该安排得太满。我也不喜欢不允许有偏差的时间表，混乱和改变计划是正常生活的一部分，在这一点上，孩子给我们的教育最多。

以下列举了我喜爱时间表的6个原因：

1. 惯例减少混乱。当孩子知道什么事要发生，对事情有预期时，他们更加不会挑战你，更容易合作。惯例让他们感到安全，并简化了转换的难度。

2. 惯例有助于设定边界。一个好的惯例会将规则的强化从父母的手上转移到时钟上。

3. 惯例简化你的生活。惯例会帮助你做出规划，如果出现问题，也更容易发现。这样一来，它就像一个科学实验。保持吃饭、睡觉这样的因素不变，你能够更好地分离出导致行为变异的原因。

4. 良好的惯例帮助每个人完成自己的职责。孩子们明白他们不喂狗就不能吃早餐，所以惯例之事变为习惯。当琐事成为惯例，工作就会按时完成，吵闹会变得更少。

5. 良好的惯例会改善家庭关系，因为大家在一起的时间已经计划好，因此应该发生的始终会发生，而不是靠临时凑巧。

6. 惯例改善睡眠、健康和素养。费城儿童医院的一项研究显示，按时间表安排睡眠的孩子比没有时间表的孩子更容易获得优质睡眠，他们的妈妈也是一样。俄亥俄大学的一项研究显示，在固定时间与父母一起吃饭的孩子肥胖的可能性更小。内华达大学和密苏里大学的研究表明，家庭中的例行常规越固定，父母就越有可能让孩子参与到提高素养的活动中。

在各个层面，无论是基于学术研究还是实践，好的惯例都是一张金奖券。如果你还有任何疑问，想想全国各地的父母都在惊叹幼儿园老师有能力让10名幼儿同时保持安静的休息吧。我们已经介绍过，他们的秘诀之一是期望。但是时间表和惯例也帮了很大的忙。通过正确的调整，家长也能在家里建立这样的秩序。

☐ 你的孩子是否有常规惯例？

如果我被家长请去解决孩子的困难行为，我会直接了解孩子的时间安排。我不会给家长一张白纸，说："好吧，请在纸上列出他的时间表。"相反，我要求他们每天记录孩子每个小时的行为日志。对爸爸、妈妈来说，这似乎是一项繁重的工作，但它很有价值。他们往往认为自己的孩子在固定的时间吃饭、睡觉、玩耍，但是当他们真正把一切都记录下来再看时，事情就不是那样了。时间表的一致性也很关键。孩子是不是第一天中午午睡，第二天下午3点午睡？晚上入睡的时间是否变动很大？他们是不是第一天在上午9点加餐，第二天在下午1点？差异有多大？无论孩子大部分时间是在家里，还是在幼儿园，他们都需要时间表。没有固定时间表的孩子往往不知道他们该干什么。他们坐立难安，没有安全感。第一步就是要确定一个适合你家的时间表，并让每个人都认真对待它。

有变化的时候，惯例尤其重要。我所见的最常出现的变化是新的弟弟、妹妹的到来。妈妈在家里的时间更多了，或许爸爸、爷爷、奶奶也是这样。大孩子的环境和世界忽然发生了很大改变——他对这些巨变真的一无所知，这一切令他非常不安。许多家长，对大孩子的需要和感受比较敏感，可能会在过渡时期让他留在家里，不去幼儿园或学校。不，这样做其实是最糟糕的。请像往常一样送孩子去学校。他真正需要的是保持一致的惯例，这能让他感到踏实和安全。给他额外的照顾，但不改变他的常规安排，否则会给他的生活增加更多的变化。

我也发现，当家长特别忙于工作时，会出现不遵守时间表的现象。我服务过的一位妈妈当时正在加班赶工，不在家的时间要比平时多得多。她回到家后，对儿子异常溺爱，因为她为自己的晚归感到非常内疚。她让孩子熬夜，对设置边界不像平常那样坚决。小男孩的行为出现严重退步。我很容易看到问题的原因。他妈妈离家的时间越来越长，并把孩子的规则推向了边缘。她回到家后，表现出的不是平时的自我。全部常规都被抛到脑后，孩子的生活完全乱套了。妈妈回到家后，他需要妈妈额外的关注，但他同时需要妈妈对自己一如既往，需要与往常一样的惯例。总之，打破常规不会减轻你或孩子的烦恼，它只会增加混乱！

□ 你的孩子是否知道惯例是什么？

我已经说过，沟通的声音在每个章节都能听到，在这一章中也不例外。如果孩子不清楚常规是什么，再好的常规也跟

爱玛金点子

让较大的孩子帮忙设定时间表（在合理范围内），这会促进他们对时间表的接受程度，增加按时间表行事的主动意识。

他没有关系。对年龄较大的孩子，可以写下常规，让他可以看到这些常规。或者让他参与进常规的规划，这是一种更好的方式，因为孩子们喜欢控制的感觉。对于还不识字的小孩子，可以通过连贯一致的行为与口头的重复加强对惯例的理解。

☐ 孩子的饮食与睡眠是否有固定的间隔？

虽然大多数孩子到了上幼儿园的年纪就不需要午睡了，两餐之间的间隔时间也拉长了，但对年幼的孩子来说，休息和营养这些增量是关键。如果一个孩子总是在下午4点哭闹，而他2点之后就没有吃过东西，下一餐还要等到5点，很可能他需要多一次加餐。如果一个孩子每天晚上睡13小时，但从不午睡，你需要调整方法和时间表，让他能够午睡。

☐ 你的孩子在家里的时间是否刚好合适？

本章的清单都是关于平衡与节制的。我不喜欢孩子在家的时间太少。他去学校上学，放学后是每天都有的课外活动和运动时间。他也许每晚到睡觉时间才到家，他的周末也同样挤满了旅游、聚会和活动。这样一来，他每周能在自己的房间里有一小时清醒的时间就很幸运了。虽然没有计算公式，但你要找到一个平衡点。如果你的孩子想加入足球队、游泳队或棒球队，很好，但不能同时参加三个！孩子一周需要有几个晚上只做孩子。他需要时间和空间做功课，和家人一起吃饭、放松。

另一个极端，我不喜欢看到孩子在家上学，也不喜欢孩子周末都待在家里。这样的孩子接触外界的体验不够，与外界互动不足，也学不到有价值的社交技巧。大多数家长都知道不让孩子在家时间太长的重要性。很简单，这是孩子告诉他们的。孩子坐立不安，爸爸、妈妈也是，直到每个人都挤进汽车或推着婴儿车外出游逛，这种状况才会解除。

□ 你的孩子是否有时间去探索、去使用他的想象力和创造力？

自主游戏对孩子非常重要。当一个孩子迷失在他自己的世界中，一个充满了骑士、公主和会说话的恐龙的世界，没有多少事情会比这更令人欣慰。这样的活动对孩子的发展非常关键。据《纽约时报》报道，"研究显示，在安全环境中自由的、自我主导的游戏能够增强孩子的创造性、灵活性、同理心、情感与认知控制，提高孩子对压力、抑郁与焦虑的抵抗能力"。文章解释说，在解决问题时，年幼的孩子对不同的想法、可能性和理念尤其开放——这是很优秀的特质！这个特点在孩子四五岁时达到高峰。然后会怎么样？想想吧。课外活动通常会在什么时候开始正式地进入孩子的生活？什么时候自由玩耍的时间开始减少？对了，就是在他们开始上学的时候。

所以，我再次请你密切关注，不仅关注孩子参加了多少常规活动，还要关注这些活动占用了孩子多少时间。如果一位妈妈或爸爸告诉我："哦，我的女儿就是上学和练钢琴，仅此而已。"这看起来好像不多。但是，当我看到写出来的日程安排，我看到他们的女儿从下午回到家，加餐之后就开始练习钢琴，直到晚饭时间。晚饭后做功课，直到睡觉。她哪里有时间使用她的想象力和创造力？她每天在学校必须遵守学校的要求，学钢琴时必须遵守钢琴课的要求，做家庭作业时必须依照作业的要求，一天当中，她什么时候可以坐到桌旁涂涂颜色？什么时候可以释放头脑，听从自己的想法，而不是跟随别人？我们的底线是：孩子们需要自由时间！

□ 你是否鼓励孩子自主游戏，而不是随时陪在他身旁？

如果父母或其他照看者一直在孩子身旁，孩子永远也学不会自己游戏。当父母的陪伴成为习惯，他去探索自己的想象时少了你的帮助，他永远都会感到不自在。没有你，他自己做事时会不自信。因此，把鼓励孩子独立自主地游戏放入你的计划表中非常重要。也许一开始时间比较短，但随后可以逐步增加。关注孩子一段时间之后，让他去玩那些令他兴奋的游戏，我建议玩积木或其他游戏。开始时你可以和他一起，然后可以说："我要去看看衣服洗得怎么样了，过5分钟回来。"然后，你离开的时间越来越长（当然，要确保家中环境对孩子很安全），有时候他会来看你在哪里，然后再去玩，没关系。从5分钟开始，延长到10分钟。慢慢地，你就可以把腿跷起来喝杯茶，休息一会儿了。你甚至可以梦想有一天叫孩子来帮你揉一揉肩膀。如果你要再生孩子，这种独立性的建设就更重要了。你照顾小宝宝的时候，大孩子可能会需要你，但是你无法分身。如果他没有学会自己玩，转换就会更难。

爱玛金点子

鼓励孩子独立游戏之前，先给孩子足够的关注。他获得了足够的关注，才更容易自己去玩。你刚刚下班到家时，孩子很需要你的关注。但这时你要做饭、做其他家务。这时可能很难让孩子自己玩。有帮助的是：

1. 做饭之前花上 10 分钟，真正地和孩子在一起，比如读故事书或者玩一个简单的游戏。

2. 让他们参与做饭。用半成品面团自制比萨非常容易让孩子参与。沙拉也是，因为他们喜欢撕菜叶。

□ 时间表里是否包括主题活动时间？

我照顾过的三胞胎幼儿会在早上疯跑。他们精力非常旺盛，无处发泄，所以不断地折腾。即便是父母都在家的早上，也可以先安排45分钟自由活动时间（最好在户外），随后安排30分钟主题活动时间，让他们和爸爸、妈妈一起玩玩具和猜字谜。主题活动非常好，因为它是一对一的活动，可以教孩子学会自控，帮孩子提高注意力。另外，主题活动能促进大肌肉动作和精细动作的发展。

□ 你的孩子是否有户外活动时间？

想象一下：又下雨了，室内活动非常有限，你的孩子已经坐立不安，你也是。你会：

A. 做一杯热巧克力，让自己在屋里待一天——天气明天就会好的。

B. 所有人都坐进汽车去商场。你至少可以在那里办一两件杂事，也算出了门。

C. 拿出雨衣、雨靴，到外面认真地踩踩泥巴，回家后喝一杯热巧克力，洗一个热水澡。

C 是最佳回答。明天天气可能不会放晴（请记住，我来自英格兰，所以我很了解这样的事情），去购物中心只能消耗你的能量，但不会消耗其他人的能量。新鲜空气——即便是寒冷的新鲜空气——是很有魔力的。孩子们一整天待在四面都是墙的房子里是会发疯的，有太多他们在室外能做的事在室内做不了。他们可以踢球，可以大声喧哗，可以奔跑，可以疯狂，消耗多余的精力。如果你的孩子开始坐立不安，或是有点不可理喻，打开门，把他们赶出去玩吧！即便他们还小，也可以把他们放在儿童推车上，带他们出去透透气。

我住在德国时，注意到那里的父母会定期带孩子出去进行艰苦的步行，冰天雪地之时也这样。在美国很多地方，父母们会因为很多因素而不愿意外出。有趣的是，我发现在西海岸这种现象更普遍，加州的家庭不愿意在雨天外出，但是波士顿的孩子经常在雪天里快乐地打滚。我知道有些家

爱玛金点子
培养专注力的游戏

彩泥游戏　　猜字谜游戏

积木游戏　　烘焙游戏

积木游戏　　涂色游戏

园艺游戏

长会在寒冷的日子里把烦躁的孩子带去购物中心。他们能离开屋子虽然好，但最好能到户外去。如果下雪了，请让孩子穿上雪地靴。

新鲜空气能解决情绪问题，能帮助孩子释放能量，减轻睡眠问题。我认识的一个家庭假期去海边，他们整天在户外玩耍，每天都是。因为要睡在陌生的酒店房间里，而且是全家睡一间房，出发之前家长对孩子的睡眠很担心。但实际上睡觉完全不是问题。孩子午睡的时间比在家里还长，到了晚上，孩子们头一沾枕头就睡着了，而且可以连续睡11个小时。更重要的是，家长被孩子们的好胃口震惊了。在家里的挑食被极度的饥饿感所代替，孩子们会吃掉眼前所有的食物。当然，我们不会永远像度假那样生活，但是度假的状态可以被视作一种测试。增加更多的户外时间，看看会发生什么。

□ 时间表里是否有安静的时间？

如果你的孩子不再午睡，安静的时间会让他的身体和头脑得以放松，想想自己的一天，你也需要安静的时间。三四岁或五六岁儿童每天应该有30分钟到40分钟时间安静地待在自己的房间。我不在乎他是睡着了还是趴在床上看书，或是在一个角落里整理自己的玩具娃娃。只要他很安静，有自己的空间，这样就足够了。

□ 时间表里是否有活动或运动时间？

即使你认为你的孩子已有足够的锻炼时间，这个问题还是值得认真探讨。最近的一项研究发现，仅仅经过短短两代，活动性的游戏和体育活动在英国下降了20%，在美国下降了32%，在中国下降了45%。运动可以帮助孩子应对压力，集中精力，睡得更好，吃得更香，为什么不鼓励呢？答案很简单，我们都很忙。除非你有一个很大的后院和很多随叫随到的玩伴，要想保证孩子有足够的锻炼时间就需要一些努力了。虽然很多小学鼓励孩子休息和进行体育锻炼，但同样也面临标准测试高通过率的压力，体育馆和自由玩耍时间往往会被削减。如果父母直到晚上才能见到孩子，那时天色已暗，而且还有很多别的事情要做，锻炼就会被放弃。因此，我有如下建议：

1. 确保你不在孩子身旁时，孩子仍有体育运动的时间。如果你能选择，请选择能保证休息时间的学校。如果你能选择，请选择重视健身的幼儿园或课后看护班。

2. 让健身时间得到高效的利用。孩子能走动了，可以在车道上或住宅楼前安装篮球架。如果在室外玩不安全，可以在家里玩沙包或是扭扭乐，或是放上音乐，搞个小舞会。

3. 把家务变成体育活动。一起散步到商店里买晚饭的食物，也由此获得了优质的亲子时间。安排孩子放学后在院子里遛狗、收集树叶。不一定所有的活动必须是健身性的，它也可以只是保持走动状态。

4. 做孩子的健身模范。让孩子看到你在做瑜伽伸展或仰卧起坐、跑步或行走，他们会明白在自己家里运动有着重要的价值。

□ 你的孩子是否能够专注于诸如家庭作业这样的活动?

我最常听学龄儿童家长谈起的就是功课之战。良好的时间表能让这场战争最终消失。这是非常了不起的。比利是我照顾过的一个六七岁的男孩。他曾很难专注于自己的功课。他放学回到家就开始做作业。他的妈妈或爸爸需要和他一起坐在起居室的餐桌上,以帮助他集中精神。实际上,只需时间表上的一些简单改变就能解决这个问题。我们采取的行动如下:

1. 他刚从学校回到家时不适合做家庭作业。这是一个能量很大的小男孩,他需要时间和空间来消耗能量,所以我们在放学之后安排了游戏时间。

2. 比利需要健康的加餐。虽然大人们知道饥饿会分心,但对孩子来说,不一定总是很容易联想到这一点。

3. 比利需要一个固定的地方做功课,一个光线充足的安静空间,一个能让他联想到专心学习的地方。我们给他准备了一张书桌和一盏台灯,放在了一个安静的角落里。

> **爱玛金点子**
>
> 如果你的女儿喜欢放学回家之后马上开始做功课,太棒了!这显然适合于她。她喜欢玩耍之前先做完所有的功课,就没有必要强制她先休息。我谈到信任自己的直觉时,会对此进行更深入的讨论。重要的是要记住,对一个孩子有用的做法不一定适用于另一个孩子。

4. 比利需要有让他集中注意力、尽快完成功课的激励措施,但不需要爸爸、妈妈像监狱守卫那样待在他的桌旁。我们决定，作业时间之后马上就是看电视的时间。如果他做完家庭作业，他就可以看自己喜欢的电视节目。如果他错过了节目时间，那是他的选择。（需要注意的是，爸爸、妈妈要检查他的功课，保证他确实认真地完成了功课，而不是为了看电视而草草了事）重点是，管理时间的责任在比利，能不能看电视取决于他自己。

虽然头两天实施起来可能会引发一两场战斗，但到了周末，一切会按计划发生。没有魔术，是常规在起作用。

□ 你安排的过渡时间是否足够？

一位妈妈最近找到我，抱怨说她的早晨就像耍铁环马戏。她4岁的儿子从醒来那一刻起脾气就很坏，直到他离开家去上学前班。这位妈妈不只希望早晨一切运行顺畅，她还认识到早晨和晚上是她与儿子相处的重要时间，她希望能享受这段时间。我扫了一眼这家早上的安排，发现问题非常明显。他们虽然8点离开家，却让小男孩一直睡到7点半。他们晚上8点让孩子睡觉，但是很明显他需要更多的睡眠。此外，早上的30分钟时间不足以让他从睡眠时间过渡到学校的模式。而且还有很多事情需要在这短短的时间内完成，所以他很可能感觉到父母要赶紧离开家的压力和他们的紧张，这加重了他的坏脾气。我提出下面的时间表来代替：

前一晚
睡前：准备好第二天要穿的衣服。

晚7:00：此时上床有点早，但是根据孩子第二天早上晚起发出的信号，可以推测出他很明显需要更多的睡眠。

当天早上
7:00～7:15：起床，穿衣服。
7:30：早餐。
7:45：刷牙，穿鞋，准备好书包。
7:50：和妈妈一起读一个故事。
8:00：出发上学。

我鼓励妈妈让儿子知道早上的常规安排和期望。她将流程写下来，让儿子做装饰，然后把它贴在冰箱上。如果保持一周之后，早上的情况还没有好转，我告诉她，可以为儿子制作一个贴画图表。他只要遵守早上的惯例而没有闹腾，就会得到一枚贴画，贴在图表上。

□ 完成任务之后，是否有游戏时间和奖励？

在我拜访过的很多家庭里，孩子们在上学前穿着睡衣一边吃早餐一边看动画片，这真令人难以置信。妈妈或爸爸说："请把校服穿上。"孩子回答说："我在看电视呢。"作为父母，为什么会允许这样的情况发生？孩子完成要求之前给予奖励（看电视），只会让你的生活更加困难！也许一开始，这种习惯的产生是因为爸爸、妈妈很难有休息的时间。请改变这一习惯。如果孩子知道他的责任是什么，知道他必须完成他的责任才能看动画片或玩耍，你会消除无数次战斗。

□ 你是否限制孩子看电视？

恕我直言，我喜欢看电视。小时候，每到周五，我们会从附近的小店买回鱼和薯条，然后全家一起看电视剧《天龙特攻队》，这是我儿时的美好回忆。自那时起，电视节目的质量已经有了很大提高，其内容也比《天龙特攻队》更具教育意义。孩子们看电视节目，也更容易理解朋友们在课间休息时谈论的话题。在你指责我支持看电视和认同同伴压力之前，请明白，我不拒绝电视，并不意味着我不能理性地对待这一问题。

一切又回到平衡问题上。首先，如果孩子不到两岁，他不需要电视，也不是很感兴趣，所以不要打开电视。其次，如果孩子一整天都在幼儿园或学校，有可能晚上没有太多的时间，这段时间里要完成吃晚饭、洗澡、睡觉。所以，如果把电视加入固定安排之中，亲子时间就没有了，激发想象力的时间就没有了。如果你3岁的孩子整天都和你在家里，你想让他看25分钟类似《芝麻街》的教育节目，以便你有时间把饭吃了，我觉得也没有问题。有这么多前提，只要你没有滥用，看电视可以是很

爱玛金点子

如果要求孩子在床上待到早上7点，请在他的房间里设好闹钟。教他认时间，或者如果他认识数字，就使用数字式时钟，告诉他怎么看起床时间。对幼儿，用一个显示月亮与阳光的时钟。告诉孩子，阳光出现时，他才能起床。这些都是很棒的工具，能帮助孩子控制自己的时间。

棒很有用的工具。我还觉得把看电视安排得很特别也是很美好的。比如全家周末一起吃着爆米花观看家庭电影。（我个人喜欢《小熊维尼》。身为英国人，我相信是我的DNA 在喜欢它。我也喜爱《马达加斯加》，这部电影对大孩子和成人都很棒）

☐ 你是否限制所有看屏幕的时间？

教育和娱乐之间的界限已经越来越模糊，在某些方面这样很好。我的一位小朋友能以准确的细节告诉我什么是"振动"，其知识来自《芝麻街》。另一方面，一个妈妈告诉我，她担心奶奶让孩子在平板电脑上做数学游戏会养成不好的习惯。"它有教育功能！"奶奶坚持说。也许是这样，但这仍然是在看屏幕，仍然让孩子没时间跟你互动，无法运用自己的想象力。平板电脑上的数学游戏肯定好过音乐视频，但这仍然算作看屏幕的时间。现实情况是，学习和娱乐的界限变得模糊，科技越来越融入生活中的一切。一个好的办法是问问这个程序的功能是否鼓励孩子进行原创思维与自由思考。当你没有纸和蜡笔可用时，有些数码绘图程序可以轻而易举地成为代用品。屏幕上画画与纸上画画的唯一不同是你不用担心忘记带纸而餐厅不提供。

☐ 孩子的所看所玩是否恰当？

就像你的孩子会模仿你在现实世界中的行动，他们也会模仿电视上的东西。有的孩子对声音和图像比其他人更敏感。大人要对孩子看的节目有深度了解，认真观察电视节目与孩子行为改变之间可能的联系，与孩子一夜不能安眠有没有关系。记住，孩子就像小海绵，他对周围的刺激比你意识到的更为敏感。我有一个朋友，她的父亲在她5岁时让她看《捉弄人的鬼》。这位父亲完全不受这些可怕的念头和图像的影响，也没有充分意识到这对他的女儿有多大的影响。她的恐惧如此巨大，即使现在她已经成年，她也再没去看过恐怖片，并且拒绝去看。我13岁在朋友家留宿时看过恐怖片之后有过类似的经历。我害怕得好几天晚上睡不着，我妈妈对我朋友的父母让我们看恐怖片非常气愤。

□ 必要时，你是否灵活？

尽可能坚持固定的时间表，同时也给自己一定的灵活度适时调整。也许你们总是在一起吃晚饭，但你吃的东西并不是固定不变的。你可以在客厅里吃野餐，也可以在家里的餐桌上吃外卖餐点。时间安排上也可以略作改变。你在建立新的时间表时不适合有例外，但这并不意味着不应该有例外。也许在你开车途中或是接大孩子放学时，年幼的孩子可以在车上睡一觉。有时，如果没办法，你只能做你能做的。

我认识的一个家庭从假期返回家中后非常忙碌。父母忙于恶补工作上的事，孩子们的生活规律都被打乱了，父母因此更加有压力，精疲力

爱玛金点子

不要紧守着时间表不放，不愿意倾听孩子的声音。如果你的孩子早半个小时饿了，你应该给他饭吃。这没多大关系。把时间表作为经验法则来用，但不要走极端。

竭，导致孩子们的行为更糟糕，形成了一个恶性循环。对这个家庭，以及很多也有过类似经历的家庭，我要说的是：放松。我们有时候是会遇上这样的情况，但你不能成为时间表和常规的奴隶而不去度假。父母唯一真正要控制的，是返回之后的一周如何安排。这周晚上不能与朋友外出，或是在家里举办活动。如果父母能在刚回来的那几天在一定程度上降低自己的压力水平（不容易，我知道），那一周就会好过一些，虽然还是很不容易。但做好心理准备是成功的一半。知道有这些麻烦，假期依然是值得的。比起对回家后那些麻烦的日子的记忆，你对美妙旅行的记忆会更长久。

最后，了解你的孩子，相应地做出有灵活性的决定。有一些孩子可以在周五或周六晚上和父母去参加晚宴，一直坚持到晚上10点，第二天晚上仍然可以在正常时间入睡。而有些孩子，哪怕只比正常睡眠时间推迟一个小时，第二天就是一个灾难。所以家长一定要根据孩子的特点来权衡事情的轻重。为了参加一场婚礼，让孩子错过睡觉时间也许值得，而与另外一家人外出吃饭，也许就不值得。你也要准备好应付孩子的哭闹，知道什么时候从最近的出口撤离。你如果想换一个做法，那要做好准备，比如提前提醒主人，一进餐厅就马上点菜。

□ 你是否能接受孩子四处探索和自由地奔跑时把自己和周围搞得很脏（在合理范围内）？

我是一个很特别的——某种程度上有点完美主义的人（开玩笑吧？其实我是一个彻彻底底的完美主义者）。有一次，我妈妈来看我，她刚把喝水的玻璃杯放下，我立即把它放进洗碗机里，也不管她是否已用完。我希望东西都是我喜欢的样子，对于有类似想法的家长，我觉得很亲切。但是，多年来与孩子的相处，已教会我放下很多东西，我因此变得更好。一只玻璃杯放在外面又怎样？这并不重要。

我们经常告诉孩子什么不能做，能不能转变为告诉他们什么可以做？你不希望他在厨房里玩那个吵闹的玩具，他可以而且应该把它带到外面去玩。**让孩子是孩子**。这似乎显而易见，但我要不断提醒家长。我总是对和我有类似特点的妈妈说："顺其自然吧！谁在乎他们是不是搞脏了自己或把家里弄得一团糟？我们会清理干净的，孩子会帮忙的。"如果你的日程很紧，没有时间清理，那么这是一个迹象，说明你的日程安排得太满了。不要太忙碌，让你的孩子失去了做小孩的自由。教给他们有时可以混乱，有时需要整洁，这是非常有价值的。

自制时间表

把本章所有内容集中在一起的最好方式，当然是制作自己的时间表。下面，我为不同年龄组及不同情况的孩子提供了数个时间表范例。这些时间表并不需要严格遵循，主要是让大家了解一天的大致安排。可以把它们当作指导，但要注意时间表的制定要适合你的生活，适合你的孩子。

6个月以上的孩子

上午

6:00～7:00：起床。

7:00～7:15：喝奶，然后吃固体食物。

7:15～9:30：在家里的游戏时间。

9:30～11:30：第一次小睡。

11:30～12:00：喝奶。

下午

12:00～12:30：吃固体食物。

12:30～2:00：随成人出去办事、散步或游戏时间。

2:00～3:30：第二次小睡。

3:30～4:00：喝奶。

4:00～5:30：在地板上玩，和父母一起看书，外出呼吸新鲜空气。

5:30～5:45：吃固体食物。

5:45～6:45：游戏时间，如藏猫猫、玩积木等。

6:45～7:00：洗澡。

7:00：喝奶或睡觉。

在家的两岁孩子

上午

7:00～7:30：起床。

7:30～8:00：早餐，为一天的生活做好准备。

9:00～10:00：步行去公园玩耍。

10:00～10:30：加餐。

10:30～11:00：艺术项目，和父母一起阅读。

11:00～11:30：独立的游戏时间（这段时间要鼓励孩子运用他的想象力，自己自由地玩耍）。

11:30～12:00：午餐。

下午

12:00～2:00：讲故事，午睡。

2:00～2:30：加餐。

2:30～4:00：同成人外出（办事、去图书馆或跟小朋友聚会）。

4:00～5:00：在家里的游戏时间（和家长玩一会儿，自己玩一会儿）。

5:00～5:30：晚饭。

5:30～6:30：在家里玩（和家长玩一会儿，自己玩一会儿）。

6:30～7:00：清理，准备去洗澡。

7:00～7:30：洗澡，换睡衣，看书，上床。

上幼儿园的4岁孩子

上午

7:00～7:30：起床，穿好衣服。

7:30～7:45：吃早餐。

7:45～8:00：刷牙，穿鞋。

8:00～8:30：去幼儿园。

8:30～下午5:00：在幼儿园（在幼儿园里有1.5小时的安静时间，还有运动时间、主题活动时间和两次加餐时间）。

下午

5:00～6:00：帮助妈妈准备晚餐（优质亲子时间），吃晚饭，清理餐桌。

6:00～6:45：自由游戏时间（涂色，玩芭比娃娃，玩汽车，玩积木等）。

6:45～7:00：整理玩具，准备洗澡。

7:00～7:30：洗澡，换睡衣，看书。

7:30～7:45：熄灯前安静地在床上看书。

上一年级的6岁孩子

上午

7:00～7:30：起床，穿衣，整理自己的床。

7:30～8:00：准备好书包，吃早餐。

8:00～9:00：自由时间。

9:00～下午3:30：在学校（在学校的时间包括运动时间、主题活动时间和午餐时间）。

下午

3:30～4:00：在家里加餐，然后去户外活动。

4:00～4:45：做功课。

4:45～5:30：自由时间。

5:30～6:15：摆桌子，与家人吃晚饭。

6:15～7:00：与父母相处的时间（棋盘游戏，篮球，家人在一起的时间）。

7:00～7:15：清理。

7:15～8:00：放松时间——洗澡，换睡衣，看书，上床。

给孩子知识，而不只是宠爱，想想看，当你不在人世时，你想给世界留下怎样的一个孩子。

——尼古拉·克劳斯《赫芬顿邮报》

第 7 章

马其诺防线

边界与后果

问题清单

☐ 孩子是否能听到并理解"不"？

☐ 孩子是否清楚地了解后果是什么？

☐ 孩子是否有机会纠正他的行为？

☐ 你是否坚定？你是否坚持到底？

☐ 你是否把发脾气当作孩子的问题，而不是你的问题？

☐ 当孩子面对自己的行为的后果时，你是否能保持不动声色？

☐ 你是否愿意让孩子体验不安？

☐ 你是否愿意让孩子适当体验担心？

☐ 你是否支持教师和其他人的努力，共同为孩子设定边界，并强调后果？

☐ 你为孩子制定的边界是否明确一致？

☐ 你是否前后一致？

☐ 你是否相信孩子会遵守无形的边界？

☐ 孩子跌倒时，你是否会让他自己站起来？

☐ 你是否让孩子对自己的行为负责？

☐ 你是否避免跟孩子争论或谈判？

☐ 你是否让孩子自己做出选择？

☐ 你是否拒绝给孩子小恩小惠？

☐ 你是否会挑选你的战斗？

我们来讨论一下鞋子吧。

这是一个常见的场景：妈妈正想带刚到上学年龄的女儿去一趟公园。外面的温度只有4℃，可是女儿还是想穿凉鞋。如果你是妈妈，你会怎么做？

A. 告诉女儿不行，凉鞋不适合现在的天气，让自己硬起心肠，准备迎接战斗。

B. 告诉女儿可以穿，但偷偷在背包里带上一双温暖的雨靴和几双袜子，等到她意识到自己误判了形势再拿出来。

C. 让女儿做出选择，但提醒她，天气很冷，穿凉鞋她可能会感到不舒服，但她们不会回家换鞋，她是否依然要穿？

你的回答很大程度上要看你在哪里生活，以及你是如何长大的，你的同龄人会如何处理这种情况，以及其他无数的文化影响因素。我认识的大多数家长会选择 A 或 B，我会选 C。美国父母往往要控制孩子的选择（如回答 A），或帮助他们摆脱困境，使他们不必遭受相应的后果（如答案 B）。只要不会冻伤（如果有安全问题，就值得反复抛出父母的要求这张王牌），我觉得可以让女儿穿她想穿的鞋子，让她受受冻。下一次她可能就会做出更好的选择。冻得发冷的脚趾是学习自主选择的合理代价。

我有一位来自苏格兰的朋友，叫苏珊。她在芝加哥做保姆，照顾几个年幼的孩子。她送孩子上学时，大多数家长会带孩子横穿停车场。但苏珊不会。她和其他家长一样，把车停在同一个停车场，但她会带着孩子走停车场周边的人行道。这样走到学校门口需要两倍的时间，但苏珊给孩子们上了有关边界、交通安全和规则的重要一课。如果不这样做，会给孩子发出错误的信息，让他们认为走捷径没关系，即使是在停车场。

相反，让我们再来看看我提到过的三胞胎。他们的超级忙碌、缺乏睡眠的父母因为要不断跨越无数道幼儿保护门，为自己增加了更多麻烦。娱乐中心四周有门，厨房柜子周围有门，他们不想让孩子接触的所有东西周围都有门。他们不是教给孩子什么可以做、什么不可以做的边界与规则，然后强化这些规则，而是在四处竖起围墙。

我喜欢把这些故事放在一起，因为这表现出两种完全不同的看待边界问题的方式。英国的父母更有可能让孩子在冷天穿凉鞋，更有可能让孩子在更小的年纪自己回家。你是否会允许9岁的孩子在纽约自己坐地铁？美国妈妈、作家斯克纳齐这样做了，但她受到了严厉的批评，被媒体戏称为"世界上最糟糕的妈妈"。在英国，父母会让孩子在比较小的年纪做到这一点。也许不是9岁，但肯定有10岁或11岁的孩子独自乘坐地铁。

只要是在你能掌控的范围内，同时是安全的，为什么不能让孩子自己到外面去呢？为什么不相信他们有问题会来找你呢？你因此可以坐下来享受一杯茶。

幼儿防护门组成的障碍，不希望女儿穿凉鞋的妈妈，批评斯克纳齐是"世界上最糟糕的妈妈"，这三件事有一个共同点：过度保护。父母给自己过多的压力，想要控制的太多。我们看到其他家长走到哪里都拉着孩子的手，于是认为我们也必须这样，免得别人说我们不够小心或不爱孩子。部分原因也可能是我们习惯于控制生活中的其他部分。比如我们知道电影会放多久，甚至能精确到分钟，也精确地知道去剧院的那条特定的路线要走多长时间。我们习惯于通过打电话或发短信，几乎可以在任何时候找到我们想找的任何人。通常情况下，我们的生活非常忙碌，所以我们需要（或我们认为我们需要）这种控制力和精确度。这也难怪，我们在抚养孩子时会采用相同的方式。

还有另一个根源，是我们已经谈到过的：许多家长觉得多即是好，无论是把软饮变成超大杯，还是购买最新的数码产品，都是过度保护孩子。他们认为孩子应该在自己左右。孩子一叫他们，他们应该在瞬间做出反应。我们也有一种做得太多的倾向。其实，我们不需要为孩子站岗，但是确实需要教育他们，然后信任他们。我们放手让他们去探索，并不意味着我们会疏忽大意。少做意味着放弃一些控制，这对孩子是好事，对我们也是好事。

放弃控制的难度不仅适用于边界的设定，也适用于后果。我经常看到父母受到孩子发脾气的影响，想通过意志的力量让孩子恢复正常。"别哭了，"他们说，"现在停止哭闹，道歉，然后我们再继续！"和发脾气的孩子沟通，只能火上浇油。这些家长真正该做的是给孩子时间，让他冷静下来，让孩子来找他们。可以对孩子说："你什么时候冷静下来，能好好玩了，就来找我。"**但是只有你能做到顺其自然，这才有用。**如果孩子错过了甜点或家庭游戏时间，那是他的选择，他必须承担后果，就像小学生必须经历脚趾的寒冷才能够学会不在冷天穿凉鞋一样。家长不能每时每刻都强迫孩子做出正确的选择。家长必须后退一步，让孩子体验后果。

□ 孩子是否能听到并理解"不"？

"不"这个字听起来不太好听。有些专家会告诉你这个字会限制孩子的自我表现与创造力，所以不是一个好字，甚至没有什么效果。但你有些时候必须使用"不"这个字。"不"是强大的工具，现在是父母们重新重视这个字的时候了。使用这个字的时候，最好伴以简单明了的解释，就像我们在第2章"国王的演讲"中谈到沟通时讲到过的。比如，"不，你不能打弟弟，因为这会伤害他的身体"。但是不要陷入对规则的解释中。我只解释一两次，在此之后，如果问题仍然存在，我只会简单但坚定地说"不"，然后不管是什么情况，我都会把他们带离。

爱玛金点子

更有效地用"不"的三点建议：

1. 不要过度使用。用得太多，孩子就不会听了。

2. 进行简明的解释，告诉孩子你为什么这样说。比如，如果他们伸手去摸烤箱，你可以说："不行。烤箱是热的，会烫伤你。"

3. 确保你的身体语言和语调传达出你要说的意思。低下身来，握着他们的手（不是很紧地），看着他们的眼睛，自信地说"不"。

你的孩子进入社会后会一次又一次地听到"不"，作为父母，你要教他们听到后如何应对。

□ 孩子是否清楚地了解后果是什么？

正如我们在第2章讲过的，对孩子行为上的要求，要让孩子有充分的了解，这是很重要的。同样重要的是让他们了解，如果他们不遵守要求，具体的后果是什么。我拜访的家庭经常会缺少这一部分教育。如果你让孩子收拾彩泥，他不愿意，家长可以说："我已经和你说过，请你把彩泥收拾好，然后进来。现在，我数3下。现在是1！现在是2！"但孩子不知道接下来会发生什么，所以他不会听话。孩子需要知道会发生什么。"我已经和你说过，请你把彩泥收拾好，然后进来。现在，我数3下。如果你不把彩泥收拾好，我会把彩泥拿走，今天你都不能再玩了。"对后果的

爱玛金点子

一定要当场将后果与行为联系起来。示例如下：

生日聚会前，孩子在家行为不当时，你可以说："如果你不立即停止，你就不能去参加聚会。你要留在家里，什么也不能做。"

孩子在小朋友的聚会上行为不当时，你可以说："我们正在参加小朋友的聚会，你要注意自己的礼仪，要好好玩。如果你不好好玩，我们就回家。这是我最后一次警告你。再有一次，我们就回家。"

孩子扔书时，你可以说："你如果再扔，这本书就不再是你的了。"

要让后果立刻呈现。

解释简单明了。我认为家长经常不加最后这部分的原因是，嗯，有时很难细想后果是什么！特别是在公共场合，或者注意力分散的时候。

不管你说什么，不要使用空洞的威胁。我经常听到家长说："如果你还发脾气，我就自己走了。"孩子心知肚明父母是不会离开他的。通过孩子的表情，我几乎可以听到孩子说："好啊，好的！"所有这些空洞的威胁都会贬低你和你的话语的权威。我当然不是建议你真的离开孩子，我只是建议你要说你能做到的，以及你准备做的。

也有一些后果是不应该有的。有些事情你不会想收回，包括睡觉时间、你的爱、对孩子有特殊意义的毯子，或者一些定好的事情，比如上学。这听起来好像很明显，但许多家长愤怒时会说："如果你不配合，不立刻穿上睡衣，我就不爱你了。""今晚不能再抱抱了。"你可以说："如果你不快点穿上睡衣，我们就讲不了两个故事，只能

聪明父母这样做

我过去常常提出一些难以实施的行为要求，现在，在向儿子解释后果之前，我会先仔细想想，执行这个后果我的感觉如何，我自己是不是有信心充分支持这个行为后果。以前我会这样说："如果你继续抱怨，今晚就别想看电视了……"孩子好像能感觉到我声音中的不确定（他知道我会让他看，因为我需要他专心看电视，这样我就可以在桌子上吃饭）。现在，我只需花一点儿时间来考虑一下，就能大大增强我向他解释时的信心。

爱玛金点子

数数是帮助孩子纠正行为时比较常用的技巧。我自己并不经常使用数数的方法，但我认为这种方法非常有效，不过请注意两点：首先，家长不应该给孩子过长的时间来改变他的行为，数到 5 就太长了——孩子会想继续延长。其次，不要沉迷于"3.5……"的方式。这会让孩子以为，这个方法是可以商量的，他们很快就会把它变成"三又四分之三……"不知不觉中，为了让孩子完成一个简单的任务或是停止他的负面行为，你会数到相当于 20 的长度。不过，我理解这样做的想法是多么诱人！你正坐在十字路口，你的儿子就快要听从你的命令了。如果你再给他一些时间，他就会改正过来，你们就能去公园了。或者在他发脾气的时候，你可以坐等。这就是为什么"2"轻易变为"2.5"的原因！下定决心吧，也许今天因为你延长了计数，你们可以更快地去公园，但随着时间推移，你要用更长的时间来使孩子服从你。

讲一个故事了。"你不是在威胁他们，你是在给他们提供选择。

□ 孩子是否有机会纠正他的行为？

有一次，我看到一个五六岁的男孩对他的小弟弟大打出手。他的父亲猛地抓起他，把他送回他自己的房间，根本没给男孩机会来改变自己的行为。下一次他再次出现同样的问题时，他还是没有机会改正，他的行为会变得更加糟糕。如果这家人让孩子待在一个不容易离开的环境，他就不能回应父母的要求。给孩子机会当场改变他们的行为，是有关边界与后果的重要一课。这也会教导孩子学习自我控制，是对孩子一生都有益的重要而宝贵的学习。无论你相信与否，这样会减少他们的挫折感，因而减少你们之间的"斗争"。

"挫折感"是这里的关键词。做一个小孩子是令人沮丧的。有时，孩子们的反应是一时冲动——他们扔积木，因为他们在事前并没有真正考虑过。告诉他们，不能扔积木，因为积木可能伤到别人。如果他们再扔，积木就会被收走。那么要不要遵守规则玩积木就是他的选择。你能否想象，你在工作中只是犯了一个很小的错误，你的经理就猛扑过来，递给你一份书面警告，而不是走过来，要求你换用不同的方式？你一定会非常愤怒。没有警告就被惩罚的孩子会有同样的感受。

不过，请注意，对有些行为绝对要立即采取行动。对于踢、打、咬这类行为不需要警告。从很小的年纪，孩子就应该知道这些行为是错误的，把他们从这种情况中立刻转移出来并表达出错误的严重程度，是非常必要的。我服务过的一个家庭里，当一个两三岁的男孩想把一个沉重的南瓜扔向他4个月大的弟弟时，我马上把他拉到一边，蹲下来，握着他的双手，以坚定的语气提高声调说："你什么也不能朝弟弟扔。"我告诉他："南瓜不是用来扔的。你可能真的会伤到他，现在你再也不可以玩南瓜了。去把南瓜捡起来，向弟弟道歉。"男孩哭了一段时间，但之后我们谈了他的感受。一个小时后，他笑了，又开始玩了起来。这次就没那么危险了。

□ 你是否坚定？你是否坚持到底？

有一次我受邀观察一家人在边界方面的互动，我注意到以下交流：

妈妈：我们要走了。

孩子：不！

妈妈：我数到3，如果你再不走，我就抱你走了。

我（心想）：干得好，妈妈！

妈妈：1……2……

孩子：不！我不想走！

妈妈：3！你想自己走，还是我抱你走？

我（心想）：哦，亲爱的……这下她丧失了所有的力量。

他们的"谈判"没完没了，似乎会持续到永远！当她想让孩子坐进汽车座椅时，同样的事情又发生了。

不够坚定，不能坚持到底，是我在边界与后果问题上看到的最大的问题。原因不难理解。有两位妈妈，无论家里家外都非常努力，但我对她们只有同情。

纳迪亚是一位上班族单亲妈妈，有两个让她永远处于疲惫状态的男孩。他们的爸爸对他们的抚养照料做得很不够，无论是财务方面，还是其他方面，所以纳迪亚压力很大。她整天都试图为男孩子们设置边界：不要尖叫；吃你的东西，不叫停不能停；不要再打你弟弟了。她说，如果他们不听话，她就要把他们送到他们自己的房间里。她甚至会数到3，而且她知道一旦数到3，就不能再数了。可数到了之后，却什么也没发生。纳迪亚根本没有精力去实施她所扬言的惩罚。如果让他们待在自己的房间代表另一场战斗，她不得不应战；只要放过惩罚，另一个孩子就会不依不饶。有太多的规矩会被打破，她不希望自己成天像个狱警。

索菲娅的问题跟纳迪亚相似。她有两个女儿，虽然她的丈夫在家里，但他并不经常参与育儿，而是把照管孩子的大多数事情都留给了她。索菲娅工作一整天后，每晚还要承担照顾女儿的主要责任。她很累，尤其是哄孩子们上床睡觉，让她感到很是折磨。女儿们似乎能感觉到这一点，睡前变得特别不听话。她们直接说饿了，想吃零食，但索菲娅说不行。一个半小时之后，经过无数次溜出卧室被发现，她们开始抱怨、哭喊、尖叫，索菲娅已经受够了。她困乏至极，达到了忍耐的极限。"好吧！"她说，"我给你们拿些麦片，然后你们要睡觉！"在这场"战斗"中，孩子们得2分，父母得0分。

哪位家长或看护者不会对索菲娅或纳迪亚的情形有所共鸣？我们都有过类似的经历，非常清楚那种绝望的感受：为了换回一刻平静，我们什么都会做！在这种情况下，我的工作就是提醒父母注意大局。是的，放弃对男孩的惩罚当然会意味着下午的哭声会减少。是的，给女孩们麦片当然能让你今晚早点睡。但是明天晚上呢？后天晚上呢？5年以后，当他们去参加聚会，不想回家怎么办？随着孩子年龄的增长，"问题"将变得越来越大。如果你现在不能控制住他们，你就会进入一个充满麻烦的世界。

更重要的是，孩子们真的希望你能为他们定下限制。没有自由支配权，或是不清楚谁在支配自己，会令孩子感到不安。他们可能不想在你要求的那一刻停止游戏，因而他们对限制的重视很难看得出来，但他们确实需要。

能否保持坚定的决心，并坚持到底，可能是父母之间的最大区别。我并不是说坚定的父母开始时不会痛苦，家长们应该对此做好准备。但是你的坚持会起作用，而且不需要很长时间。当孩子意识到你会说到做到，你会一次又一次地这样做，他们就会接受你的规则，对你更加尊重。在短期内认输可能更容易，但从长远来看会更难。

□ 你是否把发脾气当作孩子的问题，而不是你的问题？

如果孩子在抱怨或者发脾气，从某种程度上来说，他可能是在向你发出警示。**孩子会寻求关注，无论是正面的，还是负面的。**告诉他，如果他想抱怨，也没关系，但（如果你在家里）你要把他送到另一个房间，或者你从现在的房间走开。要点是：不要试图与闹脾气的孩子辩解。同时你可以告诉他："等你平静下来想和我谈谈时，我就过来。"这种做法有三个显而易见的好处：

1. 给了孩子一个选择。

2. 让孩子的注意力从引起他关注的行为上转移。

3. 对父母来说是一个非常好的应对机制。这意味着，你不必听牢骚！

□ 当孩子面对自己的行为的后果时，你是否能保持不动声色？

假设你的孩子在家庭聚餐的餐馆里发脾气，根据你之前跟孩子说明的后果，你必须带孩子离开聚餐地点，坐进停在路边的汽车里。如果你只能和尖叫的孩子坐在车里，而不能和亲戚惬意地边吃边聊，很明显，你会受到影响。但是，你必须表现得毫不介意。你表现得越心烦，孩子就会越起劲。相反，你可以查看手机，阅读车主手册，总之，就是对等候表现得完全不在乎。不要跟孩子交谈或互动，直到他告诉你他准备好回去参加聚会，并且会好好表现。孩子不喜欢无聊。如果他们不能与你争论，他们的行为得不到任何关注，他们会觉得很无聊，最终会调转头来遵守你的要求。

孩子会感觉出你的愤怒或软弱，**一旦有机会，他们就会想办法激怒你，趁乱得到他们想要的东西，或者只是想要你做出某些反应。**你越冷静，就越能更准确地传达出你的信息。也就是说，这很不容易！就在最近，我就栽在这个上面了，即使我一向很冷静。我真的是太累了，我照顾的一个两三岁的幼儿越来越失控。第一个原因是他没有午睡，第二个原因是我不像以往一样冷静，我看起来不再像以往一样有威严。他知道他的行为对我产生了效果，于是他更起劲了。如果我只是按照我在前面提到的建议，把他放在另一个房间，让他离开他的哥哥和我，我就能够保持冷静，他也可以想做什么就做什么，而不会打扰到我。

□ 你是否愿意让孩子体验不安？

这是一个熟悉的场景：你正带着孩子在玩具店里为一个生日聚会挑选礼物，孩子看到一个他非常想要的娃娃，问你是不是能买一个。你会：

A. 告诉他"不行。今天我们不是给自己买玩具，是给你朋友的生日聚会买玩具"。

B. 给他买，因为让他空手离开是不现实的。

C. 说不行，但他可以把这个玩具放到他的生日心愿单里，也可以自己攒钱买。

你的回答很可能是 A 或 C。A 非常恰当，也是我的首选。但有的时候你可能不想完全拒绝买那个玩具，特别是可以利用这个机会跟孩子分享挣钱与攒钱的理念。对于答案 C，如果孩子的某个纪念日快到了，告诉他列一个单子，然后由你告诉亲戚们。但是很多家长都会选 B，因为他们既不想面对孩子的吵闹，也不想让孩子感到不安。有些家长会自责，认为自己把孩子带到这样一个充满诱惑的地方是不公平的（就像把孩子带去糖果店，却不让他吃糖）。他们完全没有意识到这并没有什么不公平。**事实上，这是一个非常好的机会，可以带给孩子一种非常有价值的体验：他们并不是想要什么就能得到什么。**

□ 你是否愿意让孩子适当体验担心？

家长只需做家长，而不是做孩子的朋友。家长应该停止担心自己的孩子。孩子应该自己经历一些正常的担心。这些担心不一定来自父母，而可能来自自己的行为所带来的后果。如果不用担心后果，孩子长大以后，有什么能阻止他醉酒驾车？有什么能阻止他从事其他非法或危险的事情？强调后果确实会让孩子产生一些担心。正常的担心能保证孩子的安全，并能帮助他们独立做出正确的选择。所以，家长们，别再把孩子保护得那么好了，可以适当让他们体验一些正常的担心。

□ 你是否支持教师和其他人的努力，共同为孩子设定边界，并强调后果？

凯莉是一位非常棒的女性，我曾在她家做保姆。她是儿童舞蹈老师。最近她有一个学生非常招大家厌恶，让大家分心，凯莉请她离开她的工作室。很快，女孩的爸爸就跑来大喊大叫。"对不起，"凯莉平静地说，"但我不会让我自己的孩子不尊重我，我也不会让你的女儿或是其他学生不尊重我。"凯莉在此事中表现出的力量十分罕见。当家长攻击老师，就像这位爸爸攻击凯莉时，老师往往会退缩。

这里有两个问题。第一，为什么父母会攻击老师？我不是说老师百分之百正确，但他们在领导一个班级的时候，处在一个权威的地位，孩子们需要尊重这一点。如果家长不尊重老师的权威，孩子为什么要尊重老师？我的一个好朋友是英国的一位校长。当他观察到这所美国学校的状况，他感到很尴尬。在英国，如果孩子在学校遇到麻烦，他们会非常烦恼，因为他们知道，如果父母知道了，处罚会更加严重。在美国，面对老师的管教，孩子的反应更有可能是，"等我告诉我妈妈和爸爸，老师对我做了什么可怕的事情！"父母因为不愿承认自己的孩子有错误，或者只是对孩子的不完美感到尴尬，所以主动出击，批评老师。

第二，老师为何会让步？这个问题比较容易回答，并且与第一个问题有着千丝万缕的联系。老师经常不得不让步，因为他们没有了曾有过的权力。家长统治着学校，学生统治着家长。老师们被困在不曾有过的情况之中，这已经成为一个文化问题。我们必须回到孩子可以由周围的大人来负责的状态，即使这些大人不是他们的父母。

□ 你为孩子制定的边界是否明确一致？

边界不是围起屋子的墙壁，不应给孩子带来墙内墙外潜在的混乱。如果是这样，你在家里成功建立起来的一套规则一出门就会被破坏，规则应该同样适用于家里家外。当然例外总是会有的——在室外扔球没有问题，在家里自然行不通。不要用相互独立的要求使问题复杂化。

父母总是盼望孩子能尽早理解公共空间与私人空间的

区别。要知道，即使在家里可以发出不雅的声音，但在餐馆里不能这样做。毕竟，不少我们在家里和爱人说的事情，或电话里和朋友讲的事情，无论如何也不想上班时说给同事听。在餐馆里，我们不会像在家里那样胡闹、不讲究。假设孩子也有能力这样区分，在某种程度上，他们确实可以区分（例如，可以在卫生间里，在妈妈面前脱掉衣服，但不能在公众场合撩起衣服）。但孩子很难立马就能从一套规则转换到另一套规则，而且我们也不应该抱有这样的期望。这会令孩子感到困惑，也行不通。

有的父母在家时执行规则很严格，在公众场合却不这样做。也许是他们不想让孩子在公众场合出状况，所以屈从于孩子的意愿，但这样做的害处比你想象的大得多。孩子是聪明的。他们会看到篱笆上的小洞，然后把它们越搞越大。他们会等到了公众场合再提出要求，因为他们知道妈妈或爸爸很可能会屈从自己。孩子虽然口头上反对，但他们需要这些明确的边界，他们希望这种规则的一致性。边界的存在让孩子感觉安全。我相信，他们潜意识里需要一致的界线，这是可以迅速改进孩子行为的重要方法。他们遵守规则，是因为他们需要遵守。

□ 你是否前后一致？

如果我想免费得到一个昂贵的手袋，而在普拉达专卖店里发脾气，我很可能会被赶出去，或是被警察逮捕。我当然知道这一点，所以我不会这么做。但是，如果我在普拉达专卖店里吵闹之后，经理可怜我，送了我一个手袋，这会怎样？我会认识到哭闹可以有效实现自己的目标。或者，如果我一直在那里吵闹，第五天，我终于实现了我的愿望，会怎样？我会认识到，经理前后态度不一致。因此，我会一直闹下去，说不定哪天我运气好，就能得到一个免费的手袋。相信我，如果是这样的话，我会每天都在普拉达专卖店里使劲发脾气！

如果说保持一致与坚定是常识性的建议，那么，接受并实践这一建议则困难重重。我曾经辅导过一位妈妈，她管不了她的三个孩子，感觉如同噩梦一般。我们一起相处了几天，一起研究清单中的技巧，缓慢而稳步地让孩子们发生了转变。他们开始听从妈妈的要求。他们知道如果不守规矩，妈妈会让他们尝到后果。然后考验来了：我们进了一家超市。其中一个孩子因为想坐在购物车里，不断地发出令人尴尬的吵闹声，而坐在购物车里非常危险。妈妈有三个选项：

A. 顺从孩子，这样就更强化了孩子的行为。

B. 立刻把大家都带回车里，忽略她想为当晚采购食材的打算。（如果孩子发飙是为了离开，这就是另一种形式的屈从）

C. 接受女儿在每条购物通道都尖叫吵闹时旁人异样的眼光。

你会怎么做？所有这些选项都不是特别有吸引力，对不对？然而有一个答案是正确的：C。接受其他购物者的侧目无疑是痛苦的，这就是为什么保持一致性这么困难的原因。但是无论如何，这一场景再也不会重演了。即便重演，持续的时间也不会太长。如果妈妈屈从于孩子，她在家里为孩子打下的所有基础都会失去。她女儿需要明白的是，无论她是否发脾气，妈妈都要买东西。妈妈对预期的行为一直有固定的标准。下一次妈妈带孩子去购物，她必须做同样的事情。如果她屈从了，让女儿坐进了购物车，那么她们上一次经历的所有尴尬都失去了意义——就像在普拉达专卖店发脾气，为得到一个免费的普拉达手袋而发五次脾气是值得的，相信我！如果爸爸或奶奶带她去超市，他们也决不能让她坐在购物车里。

因为一致性是边界与后果训练中非常重要的一部分，与其他看护者的沟通就显得至关重要。正如我们在第2章所谈到的，我建议家长们坐在一起讨论孩子的问题行为和对孩子的期望，什么是可以接受的？什么是不可以接受的？他们甚至可以列一个表，一起研究这个表。爸爸、妈妈应该对重点领域取得共识，承诺和孩子一起完成，并采取一致的行为方式。

☐ 你是否相信孩子会遵守无形的边界？

在三胞胎那个故事里，我说服了他们的父母，挪走了那些把舒适之家变为堡垒的保护门。果然，孩子们后来去了昂贵的娱乐中心，并想玩那里的东西时，我们解释说："这不是给你们现在玩的。"我们把他们带到远离这些设备的地方，并给他们一些能玩的玩具。他们返回到娱乐中心好几次，我们则反复和他们说了好几次"不"。就这样，他们明白了现在不能在娱乐中心玩的事实。如果他们试图去玩，就会被带走。设置这类边界的初期可能会引发孩子的吵闹，没关系，把孩子转移到一个安全的地方，让他冷静下来，慢慢就好了。但是你要对你的边界保持坚定的态度。

我也承认，有时候设置上面说的这种无形的边界需要更多的精力来执行。家长可能要有一段时间保持高度警觉，以确保孩子不会因某一刻的好奇心或是家长没看到而重踏禁地。还记得第2章的那家人吗？他们的女儿不停地从自家门前的小路跑去车多人多的大路，如果在庭院四周架起高高的围栏，我敢肯定，家长一定会觉得更有保障，也能让他们不用那么紧张，但他们无法控制女儿在别处时不会乱跑。毕竟他们不能把围栏建得无处不在。为此，他们要教她边界在哪里，以及如果不遵守边界所要面临的后果。

总之，要保持坚定。这非常值得你投入时间。一旦孩子看到你是认真的，他就会停止与边界的战斗。你所花费的时间比你想象的要少得多，同时收获颇丰：不只是婴儿保护门的拆除，还有孩子对自我约束的掌握。孩子必须明白，他并没有完全统治他周围的领域。

□ 孩子跌倒时，你是否会让他自己站起来？

对年幼的孩子，自己站起来的问题就是字面上的意思。许多孩子在学走路、学跑的时候经常跌倒，我经常会观察在这个常见的场景中会发生什么。如果孩子受伤了，大人要走过去查看，一定、永远都要这样做。一个18个月大的孩子从同一个站立姿势反复摔倒，也并不少见。因为这个年龄的孩子还不太高，在家里跌倒不太可能造成身体上的伤害。不过，当跌倒发生时，父母的反应很能说明问题。

如果孩子一晃悠，妈妈或爸爸就跑向孩子，这就成了孩子的期待。如果一声喊叫就能让妈妈或爸爸跑过来扶起自己，为什么要自己站起来呢？有人扶自己是多么舒服、省力啊！然而，这样的做法教给了孩子什么？

聪明父母这样做

我第一个孩子大约15个月大时，她会不断地把奶瓶从她的高椅子上扔到地板上，然后哭着要我把它捡起来。吃饭就成了我不断弯腰捡瓶子的过程。后来一个朋友来访，她的孩子大一些。当她看到这一情景后，严肃而平静地告诉我女儿说，如果再把奶瓶扔下来，奶瓶就会被收走。令人惊讶的是，"游戏"停止了。我没有意识到我的孩子能够理解和应对这样的结果，它彻底改变了我为她设置边界的方式！

□ 你是否让孩子对自己的行为负责？

对大一些的孩子来说，走路磕磕绊绊的情形少了，但是其他方面仍要不断学习。如果一个7岁的孩子多次把作业忘在家里，每次你都帮她把作业带到学校，他学不会对自己的行为负责任。如果你总是"拯救"他，他为什么要记住呢？你要让他知道，如果他下次再忘记带作业，你不会带给他——然后真的不要带给他，让他接受来自老师的处罚。家长越是帮孩子承担后果，孩子就越少意识到消极后果的存在，就越学不会对自己的行为负责。

□ 你是否避免跟孩子争论或谈判？

大多数孩子都希望有最后的辩解权。"可是我真的真的很想看电影，妈咪！我今天一直表现很好，你让我看吧，特里每天都在看电影，我看电视会看教育节目。"让孩子说出他想要的一切。如果不能让你生气，不能激怒你，他们会觉得很无聊，因此很快就会放弃跟你争辩。如果你向孩子解释你不允许他看电视的理由，他可能会表现得像被卡住的唱片，唧唧歪歪，不停地跟你争取看电视的机会。你不需要跟他们兜圈子。你不是外交家，不需要进行谈判，也不需要和孩子就他的某种感觉长谈。**有时，你只需回答一个简单的"不"字，然后继续做其他事情。**

☐ 你是否让孩子自己做出选择？

一天早晨，米勒家遇到一个麻烦。前一天晚上他们一家人出去吃晚饭，8岁的特雷弗没有吃完甜点，就打包带回家了。现在，他希望早餐就吃甜点。除了打包的甜点，他早餐拒绝吃任何东西，看上去他好像气得马上就要发狂了。大家都要上学、上班，特雷弗却这么让人不省心。

爱玛金点子

衣柜也常常是父母和孩子的战场，在这个战场上，选择尤为重要，尤其是对小女孩来说。给她两种搭配选择，就这么多，否则她会有选择困难。如果她还是决定不了，你可以说："如果你无法选择，那么妈妈或爸爸就要为你选择。"她很快就会意识到如果她想挑选自己的衣服，她最好抓紧，从你挑选的衣服中选一套。

对爸爸、妈妈来说，最好的办法是让特雷弗做出选择。"特雷弗，你可以放学回来吃你的甜点，或者我现在就把它扔进垃圾桶。你想怎么样？"如果他因为吃不到甜点而选择早上绝食，发誓不吃早饭，那就顺从他好了。如果他选择一天都不吃饭，那就让他选择不吃饭好了。他会饿，但饿一两顿没事的。等到第二天，也要让他知道你会继续坚持，他会改变的。

这里的要点是，做出选择的应该是特雷弗。**选择意味着给孩子授权，比起其他事情，孩子更想拥有对自己生活的控制权。**当然，作为家长，你拥有最终的控制权：你决定他们可以有选择权。但你必须能接受他们的选择，无论他们选了什么。如果你不得不扔掉甜品，那就扔掉。因为怕浪费，或怕孩子受委屈，许多家长想引导孩子做出不吃亏的选择，但是这样对每个人都没有好处！

爱玛金点子

　　家长经常问我对给孩子零花钱的看法。如果孩子比较大——8岁左右，你想教他如何管理自己的金钱，那么为他做的额外家务而付费是很适当的。但是也有一些任务是应该做的，如保持房间整洁、端正地坐在桌旁、整理床铺等。如果他主动收拾后院的狗粪，就是一个值得奖励的努力。如果有一个玩具他很想要，比如他在商店里看到了巴斯光年，而且一定要买，你可以说："你可以做一些额外的家务，一旦你挣够钱了，我会带你回到这里，你就可以买了。"

□ 你是否拒绝给孩子小恩小惠？

家长的一个常见的坏习惯：每次孩子做到了他作为一个文明人应该做到的事情，家长就给他一些奖励。我知道一位妈妈，如果不许诺孩子一些回报，就无法从孩子那里得到哪怕是最低程度的合作。她哄他们进汽车，她和他们商量坐在哪里。真是累人！其实她只需要说："你们要坐到车里。如果不这样做，我会帮你们坐进来。"大多数行为都是孩子应该做的，而不是靠小贴画奖励或是许诺什么好处才能做的。孩子对良好行为的认可非常重要。例如，你可以说："让你久等了，谢谢！"因为给孩子以认可跟提供奖励完全是两码事。

□ 你是否会挑选你的战斗？

正如我们从纳迪亚那里看到的，有时执行规则非常累人。她试图一刻不停地纠正孩子的所有行为，注定让自己和孩子都遭遇失败。每个人都想享受乐趣，不想受到谴责。如果刚开始试着执行规则，或者你的孩子很喜欢挑战你的态度，请选择你的斗争方式。举个例子，我认识的一位妈妈养了一个3岁的、非常倔强的女儿。一天早晨，妈妈一直不停地对孩子说："喝光你的果汁——不，不要在那里喝；用两只手端着；立刻坐到便盆上去；别跑；走之前选好你的玩具……"她们决定去公园。为了让女儿穿上运动衫，母女俩开始斗争。小姑娘忍无可忍，开始尖叫、奔跑，死活不肯穿运动衫。在这种情况下，妈妈只能放手由她去。外面不太冷，就算有点冷，孩子也不会因此生病。

（除非非常寒冷）在确保不涉及健康或安全问题后，最坏的情况也不过是女儿感到冷。她们俩已经斗了一整个早上，穿运动衫外出这个问题并不值得斗争。

我并不是建议你放弃斗争。事实上，在这个关于运动衫的斗争中，妈妈完全可以找到一种愉快的妥协方式。比如，如果女儿不穿运动衫，请她带着衣服。有时，不做过多要求就是最佳的行动方式，但是要严格执行你提出的解决方式。

树苗的成长

谈到边界与后果问题，我总是联想到树苗。小树苗需要木桩和牵引绳的支持与保护。在树苗成长初期，这样的支持是确保它打好根基的基础。等树苗长成大树，牵引绳会慢慢放松，让它自立，直到可以移走树桩和牵引绳，让它自由生长，枝繁叶茂。有时牵引绳松得太早，小树可能长向错误的方向。这种情况下，只需再次收紧绳子让它回到正轨。但是你不要忘记放松绳子。我最常见到的养育错误就是家长不会放松绳子，没有让孩子经历应有的后果。

我之前已经说过了，现在再说一遍。涉及边界与后果，如果把功夫花在前面，你会得到回报，但你必须认真执行。我真希望能与每一位疲惫的家长坐下来，向他们保证，他们的付出会有回报。我真希望我能进入每一个不堪重负的家庭，亲自为家长们打气，帮助家长更加坚定，始终如一地遵守边界和规则。但是我做不到，所以请接受我的书面保证：事情会变得更加容易，你的努力会带来收获。这并不容易，但是比你想象的要容易。以此说来，它很像节食。几乎每隔一段时间，一个新奇的节食方法或药品就会出现，节食者们为新突破的出现而欢呼，但最终大家会发现，解决办法其实很简单：消耗的热量比吸收的多，你就可以减去重量。同样的情况也适用于界限与后果：实施起来很痛苦，你有时会信心不坚定，有时会不想继续保持一致，或是想要一个神奇的方法。**但是如果你很坚定，如果你很明确，如果你一贯坚持，会起作用的，我保证。**很快，当你带孩子到学校停车场或者世界上任何你去的地方时，你可以信任孩子，即便你没有拉着他的手，他也会做出正确的选择。

这个标语贴纸我很想看，我们是为孩子感到自豪的父母。我们的孩子有足够的自尊，他并不需要我们去张扬那放在我们车后的小小的学业成就。

　　　　　　——乔治·卡林，美国著名独角喜剧演员

第*8*章

孩子的狮王之心

自尊

问题清单

☐ 你是否会劝阻孩子的固执行为?

☐ 你是否避免给孩子贴标签?

☐ 你的孩子有朋友吗? 他是否受邀去朋友家一起玩、参加生日派对?

☐ 你的孩子能应对批评吗?

☐ 你的孩子是否可以做他自己? 他的自我对你来说足够好吗?

☐ 你的孩子喜欢他的老师吗? 他们的关系好吗?

☐ 你是否帮助孩子分析他的优点和缺点?

☐ 你的孩子是否有因为紧张而咬指甲、磨牙或是抱怨肚子痛的习惯?

☐ 你的孩子是否伤心或孤独?

☐ 你的孩子是否被人欺负?

☐ 你的孩子能否承担与其能力匹配的家务和责任?

☐ 你是否允许孩子完全靠自己去完成可能并不完美的任务?

☐ 你对孩子的赞美是否比告诫多? 孩子表现好时, 你是否会给予认可?

☐ 你是否避免在孩子面前谈论他的行为?

☐ 你是否注意避免厚此薄彼?

□ 你是否在自尊和自信方面为孩子做出了榜样?

□ 你是否每天表露爱意和亲情?

□ 你能否对孩子的失望或失败做出恰当的反应?

这是喜剧电影《互换身体》中的一幕：一个女学生向父母抱怨说，她的诗歌没有获得最高的认可。那位父亲（实际上父亲最好的朋友正互换到父亲的身体里）评论说："虽然我从没读过你的诗，但我肯定你写得比其他孩子的好得多，虽然我也没读过他们写的。"这个场景很好地说明了现代育儿方式的荒谬，这可以通过他者的眼睛清楚地看到。或者，我要说，能被保姆清楚地看到。

在美国，自尊是引发情绪问题的温床，过于关注这个孩子的自尊对孩子或父母并没有什么帮助。今天，父母好像总是在想象自己的孩子20年后在心理治疗中的情形，并以这种想象指导自己管教孩子的方式，以使孩子能够成功面对想象中的未来的心理治疗师。事实上，米歇尔·菲佛在阐述这一点时，尽管是在开玩笑（我希望是！）。她说："我和丈夫在尽我们的所能，小心翼翼，希望已经预留了足够的钱来支付孩子们的心理治疗费。"作为这种自我意识的结果，家长往往太急于称赞孩子。如果孩子感觉不好，家长太急于让孩子摆脱困境。无论孩子输赢如何，家长太急于给孩子发奖牌。感觉不好，有时是成长的一部分。失去，有时也是成长的一部分。建立自尊，是为了帮助迷失的孩子保持良好心态，而不是为了让他产生赢了的错觉。

我最近参观了一所中学，观看老师为孩子们安排的一场篮球比赛。我注意到他们没有使用记分牌，于是问为什么。"比赛具有竞争性，会让一些孩子不安。"有人解释说。我无法理解。比赛的本质不就是竞争吗？我跟朋友芭波讨论过这个问题。她是游泳教练，她给我讲了她自己的经历。像很多教练一样，她把学游泳的孩子划分成"A"和

"B"两个接力队进行比赛。但一位妈妈对此提出异议，课后她找到芭波，要求她把两队重新命名为"A1队"和"A2队"。她担心女儿所在的小组被命名为"B队"会伤害孩子的感情。

听到这个，芭波感到很震惊。15年前，芭波开始执教（我开始做保姆）时，父母如果认为自己的孩子心理脆弱，需要委婉表达出自己的调整意见，他们会被视为怪人。别人会对他们的要求挑起眉毛，并坚决拒绝。现在，中间还没隔到一代人，芭波和我都吃惊地发现，这样的父母到处都是。

不知道为什么，在过去的15年里，家长们越来越多地认为规则是定给别的孩子的。自己向孩子屈服，在短期内让事情变得容易，是一个不错的做法。但是做一个好家长并不意味着要让孩子每时每刻都开心。做一个好家长意味着把孩子抚养成为健康、独立、优雅和快乐的成年人，意味着给他们打好成功的基础，而不是将来追悔莫及。当短期与长期的幸福出现冲突时，选择是容易的。

与这位游泳队孩子的妈妈相类似的过度保护者是一个极端，而在另一个极端，父母则没有给予孩子足够的赞美。我认为英国的家长因为不给孩子称赞而特别值得谴责。英国人习惯于忍气吞声，其中充满了休·格兰特式的自嘲。也许有人会说这是英国魅力的一部分，但我认为这是英国的一个问题。在这一点上，英国有很多可以向美国学习的地方。这完全是一种平衡——如果孩子数学考了好成绩，他们应该得到鼓励！

通过本章的清单，我最大的希望是，你能通过我照料孩子和与孩子共同生活的经历，看到两种极端的状态。我更希望你能看到平衡的神奇：你要给孩子鼓励和赞美，这是他保持自我所需要的，也要教给他如何应对失望和打击，这些都会不可避免地出现在他成长的道路上。

□ 你是否会劝阻孩子的固执行为？

分离焦虑，最常见的特征是孩子在公共场所紧抱妈妈，或者一旦妈妈或爸爸走出房间，甚至只是走出视线就非常害怕，这是完全正常的。对于一些儿童，它只是一个阶段，它可以出现在任何时候，甚至在整个童年会出现很多次。如果这是一个问题，其实很容易发现，应该得到解决。如果你5岁的孩子每天在幼儿园与你分开时都要哭，这就是一个问题。你在房间里走动时，你一两岁的孩子总是要你抱，每次你要去洗手间的时候，孩子都紧张害怕，这就是一个问题。没有你在身边，孩子面对世界时感到不舒服，这就是一个问题。要想纠正这些问题，请遵循以下三个原则：

1. 正如我在前面章节提到的，请确保你会培养孩子有越来越多的独处时间。带他一起玩积木，然后告诉他，你要走开一会儿去洗衣服或是写电子邮件。缓慢地延长你离开的时间，直到他每次可以很开心地自己玩半小时。随着他的长大，时间可以更长。

2. 如果孩子过于害怕一些事物，比如有你在旁边时，他依然害怕进入酒店房间的清洁女工，或是消防车路过时的巨响，你可以向他保证，一切都没事，但不要过度安慰他，否则只会强调他的害怕是正确的，而其实没有什么可怕的。你可以说："哦，这个吓着你了吗？不要担心，这只是酒店的清洁女工，没事的。"如果他继续要求安慰，试着逐渐地分离，但依然要给予鼓励——承认他的害怕，但让他知道他会没事。

3. 给他离开你的机会。他需要学会适应你不在场的情况，否则你会被拴住。在我曾经服务过的一个家庭里，妈妈觉得她一刻也离不开她的三个孩子。如果她把孩子留给爸爸，自己外出，在她离开的时间里，他们会一直尖叫。爸爸没犯任何错误，孩子只是不习惯和他在一起，而她和孩子的爸爸没有让他们适应这样的安排。妈妈从来没有时间能离开家去见见朋友，或是办一些自己的事。爸爸也感到不适应，很无助。同时，孩子们感到很没有安全感，这种情况很可怕。妈妈要与自己屈从于孩子而永远待在家里的冲动斗争。她要和爸爸一起，告诉孩子会发生什么，以及他们期望孩子做出的行为。他们还需要打消孩子因妈妈离开所产生的焦虑，妈妈可以说："你们要和爸爸在一起，

聪明父母这样做

我们要孩子之前，养了一只小狗，我和丈夫带它去参加了训练课程。教练解释说，在离开小狗让它去训练之前，我们不应该表现得很焦虑，而是应该很开心的样子，"再见，乔治！"这会让它对离别感到安心。现在我们有了孩子，我们最小的宝宝在我们离开时总是很焦虑。我们习惯性地说："再见，彼得！"它强化了我们之前学到的经验，欢快的语调对孩子是有帮助的，这也是一个特定的信号，告诉孩子我们要出去，但过一会儿就回来。

你们会玩得很开心的！妈妈很快就回来，我们会一起做游戏。"最糟的事情就是放弃努力留在家里，或者是在离开之前异常地溺爱他们，这会让孩子觉得一切并不好。与之相反，你要授权给孩子，鼓励他们，安慰他们。

□ 你是否避免给孩子贴标签？

在家长的诸多错误中，给孩子贴标签是我最为反对的行为。这一主题让我再次想到游泳课。最近我带我照看的一个孩子去上游泳课，另一对5岁的双胞胎男孩也参加了这个课程。每次有成人谈到双胞胎之一的威尔——无论是游泳老师、他的保姆，还是他的父母，他们都很明显是在给他贴标签。"威尔今天怎么样？""哦，简直一整天都是噩梦。""嗯，威尔就是这样对你的。"我会看到威尔拉着长脸四周转悠。他不高兴，十分可怜。他不过才5岁！看着这一幕，我感到很痛心。毫无疑问，威尔表现得不好——我亲眼所见，但这并不是因为威尔有问题，有问题的是他的看护者。比起他的双胞胎弟弟，很有可能他小的时候哭得更多，更不遵守纪律或规矩，并从那个时候起，他被标为"麻烦的那个"。这些照看他的人让他失望，为他创造出可以自我实现的预言，因为孩子往往更容易被标签所左右，最终使自己与标签相符合。

让我更深刻地了解到贴标签的危害的，是我曾服务过的一位妈妈，艾米丽。她的两个儿子在上高中时被诊断为有行为问题。其中一个儿子甚至因此服药数周。但艾米丽对于贴给她孩子的标签感到不舒服，没有人认为她的孩子很完美，但她的直觉告诉她，孩子是正常的。很明显他们不完美，但那不意味着他们有多动症，或是心理医生认为他们得的其他病症。她感到他们要多休息，多运动，吃得更好，要找到问题的根源，而不是贴上行为问题的标签了事。可学校的心理医生不同意她的看法。

艾米丽的困境并不少见。多动症患儿的诊断在过去10年中上升了41%，许多照看孩子的人——包括我自己——认为孩子们被过度诊断了。孩子们因为正常的儿童行为而被贴上多动症的标签，这是一个莫大的讽刺。我的一个朋友称这种现象为"被治疗，而不是被教育"。葛曼·杰罗姆博士，哈佛医学教授，《医生如何思考》一书的作者，也支持我的看法。他告诉《纽约时报》："现在有一种潮流，如果孩子的行为被认为是所谓的异常——如果他们没有安静地坐在自己的座位上，那就是病态的，而不是孩子应有的常态。"

艾米丽的反应应该赢得称赞。被夹在医疗专家和作为父母的直觉中间，是非常艰难的事。她的儿子的确是正常的，她从来不允许他们被学校贴上标签，他们很快就摆脱了一直经历的行为上的小问题。但对她的长子来说，服药的那三个星期在日后又回来困扰她。他长大后非常想成为飞行员，并参加了飞行训练。但是，当飞行学校调出他的医疗档案，看到医生给他开过安非他命——一种兴奋剂，他想成为飞行员的梦想就此破灭。标签可以跟随孩子一生，会影响和限制他们的选择。

我没见过其他国家像美国这样轻易给孩子开药，这让我很愤怒。让我愤怒的一部分原因，是我认为这是一个通病。就像是父母很容易就把孩子丢在电视机前，或是孩子要糖就给。**药物治疗是短期行为，不能真正地解决问题。**

我们必须脱下袜子，找出问题的根源所在。如果你的孩子很焦虑，各种方法用过了都不行，那就给他进行药物治疗吧。但同时一定要认真审视为什么他会焦虑。如果你太忙，没时间确认原因，这正说明你应该慢下来！

□ 你的孩子有朋友吗？他是否受邀去朋友家一起玩、参加生日派对？

友谊和其他密切关系对建立孩子的自尊至关重要。虽然孩子偶尔被冷落是正常的，但如果他总是被朋友排除在外，就要对原因做进一步调查了。这样说并不好："哦，他只是害羞——他会逐渐摆脱的。"你要确保他在学习如何建

爱玛金点子

如果一个孩子从来没有被邀请参加朋友的生日派对，我认为这有些伤自尊，不过这并不是说我认为他们应该总是参加生日派对。我坚决不同意某些学校的政策——如果一个孩子开生日派对，他一定要请全班同学。这对孩子不公平，对出钱办生日派对的父母也不公平。相反，可以通过生日派对和必要的邀请，来传授良好的社交技能。聚会举办者要谨慎，不要伤害那些未获邀请者的感情。如果你的孩子未获邀请，并因此感觉不好，请教给他，有时事情就是这样的——总会有聚会没邀请你。没有被邀请参加这个聚会并不能说明什么。让他知道感觉不好没关系，重要的是不要想得太多。这是放长远的做法，因为即使你能在他上幼儿园的时候保护他，你也不能在十几年后让他心仪的女孩接受他的邀请，和他一起参加毕业舞会。在孩子小的时候就开始培养他灵活应对社交问题的技巧，教他学会如何适应。

立良好的友谊，不仅要教给他以后生活需要的技能，也要教他如何获得快乐。如果孩子的表现很可怕，或是不知道如何表现良好，如果他举止粗鲁，或是行为具有破坏性，他会被排除在小朋友们的聚会和生日派对之外。没有人希望自己的孩子和一个行为有问题的孩子在一起。为了让孩子快乐，家长太过娇宠，反而害了孩子。出现没人愿意和他玩的情况就是一个重要的例子。你可能认为孩子要什么就给他什么对孩子最好，却造成了他社交上的失败。你不会希望他因为太过娇气而最终没有朋友吧？

另一方面，也请注意，如果你的孩子没有一打最好的朋友也没关系。许多孩子（以及成人）更喜欢有一两个亲密的朋友，而不是一个随从。真的，有一两个亲密的朋友就足够了。

□ 你的孩子能应对批评吗？

孩子们天生想讨好父母，这是一种可爱的状态。如果孩子因为撒谎，或是不小心打碎了一个特殊的盘子而感到内疚，这是令人欣慰的。但是，如果一个孩子每次被纠正时都心碎难过，那就需要让他学习如何变得更加坚强了。当他陷入麻烦，感觉不好时，你不能每次都纵容他——那只会加重他的反应。

相反，你要为孩子做榜样。当你犯错误时，你要告诉孩子，以实际行动表现给孩子看，把事情搞砸没有什么，那并不代表你是个坏人。向他展示如何从错误中学习，继续努力，你会为他的未来打好基础。

我经常发现美国成年人过于敏感，我相信这源于父母从他们很小时候起就为他们粉饰一切。虽然一些高压工作环境中的喊叫和敌意（医学和法律工作浮现在我的脑海中）很可怕，但我们也决不能走向另一个极端：每次绩效考核，每次包含建设性批评的谈话都要让人拿出面巾纸来。

□ 你的孩子是否可以做他自己？他的自我对你来说足够好吗？

爱因斯坦说，每个人都是天才。但是，如果你用爬树的能力来判断一条鱼，那它一辈子都会认为自己很无能。把自己的愿望投射到孩子身上，或把大众的标准强加给孩子，是对孩子最有害的举动之一。

玛丽是我的一个好朋友，她的儿子安德鲁十分乖巧。作为一个英国人，一位受过训练的保姆，玛丽为儿子的行为设置了高标准，孩子也都做得很好。随着孩子年龄的增长，其他人对孩子的期望开始让玛丽感觉有些为难。安德鲁的父亲是一名 NBA 球星，所以朋友圈里的每个人都觉得安德鲁也会是一个了不起的球员。事实是，尽管安德鲁喜欢去比赛现场看爸爸打球，但他并不是一个好球员。如果有人看他打球，他会对这些人的看法特别敏感。他看到了他们对于他没有"天赋"的失望。他越来越不想玩篮球了。他想踢足球，所以他就踢足球。他的父母从来没有强迫过他打篮球。但今年，他突然宣布，他想再试试篮球，但他认为他需要一名教练。他父母给他找了一位教练。他很爱打篮球，很快就成为高手。他可能永远不会成为父亲那样的明星，但他对篮球的追求取决于他自己，这是一个他自己可以接受的、感觉舒服的选择。这个故事告诉我们，安德鲁就是安德鲁，不应该和其他人比较。

□ 你的孩子喜欢他的老师吗？他们的关系好吗？

如果你的孩子谈论他的老师时很消极，或者声称不在乎老师是不是喜欢他，不要把这当作青春期的副产品而置之不理。孩子和老师的互动非常重要。你的孩子并不一定非要是班长，但如果他觉得老师不理他，或是不喜欢他——老师对孩子有极大的权威性和影响力，那么这就是一个值得重视的问题。他可能会内化对这种关系的失望，从而影响他对自己的看法，或者对学校的看法。爸爸、妈妈们，请参与进来，不要直接去和老师说："你要让我的孩子对自己感觉更好！"但你可能要想办法加强孩子和老师的关系。比如你可以旁观老师对孩子的管教，同时也要确保孩子与老师保持积极的互动。

请确保老师没有给你的孩子贴标签。在20世纪60年代一个著名的研究中，心理学家罗伯特·罗森塔尔和勒诺·雅各布森发现，当老师了解到有些学生有更多脱颖而出的潜力时，这些学生就会得到特别的对待，并且在测试中的确表现得更好。可是，如何判断老师是否给你的孩子贴了标签，你又能做些什么呢？

一般情况下，贴标签的情况显而易见：老师会直接告诉你，你的孩子有很大的问题，或者提出一些其他概括性的描述。有时你必须进行更深入的了解。大多数孩子擅长某样东西——无论是体育还是数学，或仅仅是一个守规矩的好学生。如果你从老师那里得到的是一贯而全面的负面反馈，那么你要问问这是为什么。请参与进去，提出问题，为了搞清问题，尽量多与老师见面。如果你从老师那里感受到了他对孩子的消极印象，孩子得到的消极感受会有三倍。请尝试把孩子从那个班级转走，与一位新的老师重新开始。如果这些努力都失败了，那就努力让孩子与其他权威人物建立联系——也许是一位教练或是导师，其影响和反馈将会更加积极。

我有一个好朋友经营着一家男生寄宿学校。学校的名字是谢夫汉姆磨坊厂学校。来这所学校的男生都是被打上问题标签的男孩。我的朋友了解到的是，在这些孩子的成长过程中，没有人对他们有信心。他们的父母认为他们是坏孩子，老师也这样认为，他们从来没有做好孩子的机会。然而，在谢夫汉姆磨坊厂学校待上一段时间之后——那里的老师很严格，但也充满爱、支持和鼓励，他们都进步了。他们中许多人都能够回到自己原来的学校，并在那里展现出新的面貌，人生也有了新气象。这说明了积极期待的强大力量，而且，以积极期待取代消极期待，从什么时候开始都不算太晚。

□ 你是否帮助孩子分析他的优点和缺点？

有时，我觉得孩子做得非常出色，但他会耸耸肩，并不怎么兴奋地说："哦，好吧。"孩子为什么会出现这种状态？这不是他的自然状态。如果你的孩子觉得自己一无是处，那么他需要有人帮助他认识到自己的长处，学会原谅自己的缺点。首先，请确保孩子对自身的否定不是从你而来，哪怕是间接的。如果孩子看到你对自己特别严格，他会在自己身上模拟这种行为。如果他看到在你的眼中他总是不够好，他会认为自己什么也做不好。在这种情况下，给孩子设置太高的标准反而对他的幸福体验不利。

如果你的孩子想打棒球，但你从跟他的练习中看出他打得并不是很好，这时候说他是个了不起的球员就是错的。这样的做法会让他在第一次出场击球时，在其他人面前感到耻辱。你要知道，世上总会有人对你的孩子以实相告，所以这个人最好是你。这并不意味着你要说："比利，你是一个相当差劲的棒球手。"但你也许可以说："击球真不是你的强项，我们该做点什么帮你进步？如果你真的很想完成出色的击球，我们来做一个练习计划。如果你不想打棒球，我们可以找找其他你更擅长的领域。"

爱玛金点子

对于在自尊心方面有问题的孩子，我喜欢做合作性的游戏，给他们在两点之间的溜冰（或是跑步、跳跃）游戏计时。游戏的目的是让孩子们挑战自己的纪录。当他们没有打破自己的纪录时，他们经常看着我，看看我是不是觉得没关系。关键是要在游戏中保持积极的状态。如果孩子没有打破他的最高得分，也没什么大不了。令人惊讶的是，这个游戏非常有利于让高度紧张的孩子放松下来，并专注于努力改进自己的不足。

□ 你的孩子是否有因为紧张而咬指甲、磨牙或是抱怨肚子痛的习惯？

如果你的孩子经常咬指甲、磨牙或是喊肚子痛，他可能有压力。每个孩子都会偶尔肚子疼，不想去上学，这样的情况出现时，没有必要烦恼。但是，如果这种情况经常发生，应该引起家长的关注。请特别留意孩子的饮食、生活规律和睡眠，请额外多花些时间和孩子在一起，以确定是否有需要解决的问题。

□ 你的孩子是否伤心或孤独？

我没有看到过经常伤心的孩子，这里有一个先天的有利因素：孩子不会也不应该天生孤僻。但并不是每个孩子都是让大家快乐的人，可如果你的孩子大部分时间都躲在一个角落里，就需要你及时关注和重视了。

□ 你的孩子是否被人欺负？

在我曾经辅导过的一个家庭里，8 岁的儿子不断地与他的小姐妹们打闹。虽然他是出于好玩，没有恶意，但他和她们的肢体冲突太多了。我问他的父母，他在学校里是不是受欺负。果然！"孩子受欺负了，你给他的是什么样的信息？"我问。"我们告诉他要反抗。"他的父母说。其实，爸爸甚至会和孩子练习对打，以确保他受欺负时能很好地反抗。他们没有看出教儿子受欺负要反抗的信息与他在家与姐妹们的打闹之间有着某种关联。

美好如孩子，他们也有可能对彼此残忍。即使你的孩子现在没有遇到以大欺小的坏孩子，以后依然可能遇到。教你的孩子绝对不能退缩，但也教给他采用正确的方法回应，而肢体上的反击并不是最恰当的做法。从孩子很小时就可以教他说："我不喜欢你打我。""请把我的玩具还给我。

你没有问我你是不是可以拿走，我还在玩呢。"如果他们大一些了，教他们面对欺负时要昂首站立，用语言表达出他们不会接受不公平的对待。如果情况继续发展，请帮助他们找到对策，比如寻求老师的帮助。

与这些鼓励儿子使用拳头的家长相去甚远的是处在另一个极端的家长。这些家长会对孩子受欺负的任何迹象都做出过度反应。有一个我认识的小男孩，有一天，他在学校操场被人说"愚蠢"。他的妈妈非常愤怒，冲进学校，闹得天翻地覆。小事闹大只会让小男孩更加学会以此吸引大家的注意，这样的做法没有教给他如何坚持自我，也没有教给他如何保持一种灵活的态度，大事化小（"棍棒和石头可能会打断我的骨头，但话语永远不会伤害我"），没有教给他如何处理好他和这些孩子的关系，然后继续和其他孩子一起玩。它教给他的是，他有理由引起人们的关注，每次他感觉不好时，他都需要妈妈来营救他。

欺凌是现在非常热门的话题。我非常赞赏丹·萨维奇（"变得更好"反欺凌运动的联合创始人）的工作，还有李赫希（2011年的纪录片《欺凌》的导演）的作品，他的影片提高了人们

> ### 爱玛金点子
>
> 让孩子帮助他人可以增加他的自信。如果你的孩子运动能力一般，但是学习成绩出众，你可以鼓励他辅导其他孩子。如果你的孩子敏感而善良，你可以鼓励他担任其他同学的辅导员。通过与他人分享自己擅长的能力，给他机会充分表现自己，鼓励他成为一个能够帮助他人、关爱他人的人。参与这样的活动会构建起他的精神世界和价值观。

对于欺凌的影响的意识。我也要赞扬学校推行的那些教孩子们学会同情，强调反欺凌的工作。有太多的孩子被长期的欺凌深深伤害。如果一个孩子每次去上学时都感到难受，或者在学校里的大部分时间都在躲藏，那实在是一种不幸。

我们要小心不要过度反应，不要走向另一个极端，就像那个被别人说愚蠢的孩子的妈妈。学校里总会有一星半点欺负人的事。孩子总是要应付这样的事。在应付这些事情当中，孩子会学到一些很重要的策略，比如灵活。我们总希望把孩子保护得严严实实，但是我们要学习的很重要的一点是：何时直接干预是恰当而必要的，何时从旁指导是对孩子更好的。

□ 你的孩子能否承担与其能力匹配的家务和责任？

给孩子安排家务，让他承担一定的责任，是帮助他学会自力更生的重要步骤，而自力更生是构成健康的自尊心的关键部分。5 岁开始学习叠衣物，说不定 8 岁时就可以做晚饭了，而到 10 岁时，他也许就能把家里的电脑都连在一起，或是给浴室再安装一台电脑！但我们最好不要这么超前。

关键是要慢慢开始。告诉孩子如何完成一项任务，并与他一起完成。如果你的要求太难，孩子会感到不知所措，甚至不肯去尝试，或是半途而废，从而倍感挫折。如果你交给孩子的所有任务，他都无法完成，很有可能是你要求得太多了。虽然我一再强调要充分了解你的孩子，也有一些适用于大多数孩子的一般性的准则。比如，如果我们要求一个 1 岁的孩子把他的积木都收起来，他是无法做到的。

但他完全可以把一块积木收起来，两岁的孩子可以收起5块积木，3岁的孩子可以把所有的积木都收起来。下面这张表是不同年龄段的孩子通用的一些期望或要求，你可以作为一般性的准则使用：

14～18个月	2岁	3～4岁	5～8岁
• 收拾书	• 收起3～4本书	• 收起所有的积木，帮忙整理玩具和书籍	• 码放自己的鞋子和书包
• 收起2～3块积木	• 收起至少一半的积木	• 帮忙给宠物喂食	• 打扫自己的房间
• 收起洗衣篮里的一件衣服	• 收起洗衣篮里所有自己的衣服	• 自己穿衣服	• 帮忙把餐具放进和拿出洗碗机
• 拿住叉子	• 把盘子从餐桌上拿走，并刮去吃剩的食物。	• 说"谢谢你的美味的晚饭。"	• 自己脱衣服，然后放进洗衣篮
• 清理干净自己面前的食物残渣	• 帮忙擦去桌子上自己撒的食物		• 自己做好入睡的准备
• 说或表示"谢谢"			• 说"谢谢你的美味的晚饭"，并保持眼神接触

☐ 你是否允许孩子完全靠自己去完成可能并不完美的任务？

想象一下，你要求4岁的孩子铺床睡觉，她听从了。她用力拉了拉床单和毯子，然后把枕头和毛绒熊放在上面。床上，唉，波涛起伏，在你看来仍然很凌乱。你会：

A. 在她身后进行整理，让她学习什么才是正确的做法。

B. 等她上学不在家的时候，帮她整理。

C. 夸奖她听从你的要求整理床铺，而不去管床上的那些不平整的地方。

正确答案是C。这并不妨碍你以后和她一起改进她的铺床技能，但不要在今天，这时她已经尽了全力，感到很骄傲。也许第二天你可以说："今天我们一起铺床好吗？我的妈妈教了我一些巧妙的技巧，我觉得你已经长大了，我可以教给你了。"如果她提出异议，那就再次让她自己来。她正在回味刚刚体会到的独立与能力。这远比床铺得平整重要得多。

同样，如果你在训练孩子上厕所，他自己穿上了内裤，但是穿反了，顺其自然吧。第二天，你可以教他标签在哪里，标签是什么意思。但是，当他为自己的努力骄傲时，不要这样做。另一种常见的情况是孩子自己穿鞋子。很多

爱玛金点子

你不仅要管住自己不去纠正孩子没做好的事，而且也不要替孩子做他能做的事。我曾经照顾过一个18个月大的孩子，他不喜欢午睡时穿袜子。我没有给他脱袜子，虽然我帮他脱更省事。我让他自己脱，然后我帮他拉，这样做至少他在努力。大人帮不帮忙，取决于孩子的能力。一定要想着你的工作是指导，而不是替他做。坚持这样做以后，不仅能减轻你的工作量，让你的生活更轻松，而且能为孩子建立自力更生的积极感受。

时候，尤其是在第一次，他们会穿错脚。不要说："哎呀，你又把鞋子穿反了！"你可以说："你看见脚上有什么好玩的事情吗？"让他在照顾自己时自己做主，这会为他培养独立性与自尊的建立带来奇迹。

□ **你对孩子的赞美是否比告诫多？孩子表现好时，你是否会给予认可？**

家长很容易纠正孩子的举止或行为，而忘记表扬与认可的重要性。请记住孩子想取悦你，会努力重复你喜欢的行为。当他涂了一幅可爱的画或是对兄弟姐妹做了什么甜蜜举动时，你

> **聪明父母这样做**
>
> 我丈夫和我试着让儿子给我们更多帮助。"利亚姆，可以请你把爸爸的鞋拿过来吗？"他觉得他在帮助我们，他对此很骄傲，而且他也因此培养了自尊，当我们提出请求时，他听到我们对他说"请"。

要让他知道。表扬时要尽量具体，就像你给他解释为什么有些事情不能做一样。"做得很好"是空洞的赞美，更有影响力的是说"安妮走过来时，你问她今天过得如何，这真是不错。谢谢你表现出这么好的礼貌"。如果你不强调这种行为，孩子就会懒得去表现它。他会觉得他只有表现不好时，你才会注意到他。

□ **你是否避免在孩子面前谈论他的行为？**

打个比方，你在工作中犯了一个错误，老板把你叫过去，跟你讨论这个问题，你为错误的后果付出了代价。不

久后，你站在老板旁边，发现他在向你的同事讲述你的错误，你会感觉如何？你会觉得很不舒服：你已经为你的错误付出了代价，为什么还要再次付出代价？为什么那个笨蛋就不能放过这件事呢？你自己不要当这个笨蛋。如果你的孩子已经惹了麻烦，经历了错误的后果，并且道了歉，那就不要在他面前谈论他的错误了。一个可能的例外是，当你需要和其他的照顾者沟通事情的经过时，你可以这样做："劳拉今天不听妈咪的话，所以她不能吃甜点了。"但如果你被劳拉激怒了，要和伴侣讨论一下应对计划，请不要在她面前讨论。从她的角度考虑，想象一下她会如何感受。另外，不要低估她的理解力。当你向丈夫抱怨她的行为时，你可能以为她没有注意，或是以为你使用的语言超出了她的理解力，但是孩子真的很聪明，你要假设他们会通过这种或那种方式了解到你的想法。你要谨慎选择这类谈话的地点和时间。

□ 你是否注意，避免厚此薄彼？

偏爱是另一个敏感——甚至禁忌——的话题，如果我说这种现象我屡见不鲜，你可能会大吃一惊。孩子的父母们从来没有对我说过他们更喜欢哪个孩子，他们自己往往也没有意识到他们倾向于某个孩子。但他们确实这样表现了，结果是可怕的。

每个孩子招人喜爱的特质是不同的，这很自然，没有关系。不过，你必须一视同仁地培养孩子。比如，如果你真的很爱好运动，你的儿子喜欢玩天下所有的运动，而你的女儿更爱好音乐，很自然，你会被儿子的体育赛事所吸引——更多地参加他的活动，向他询问更多的问题，和他一起练习抛球。这些你都可以做，但是你要同样地对待你的女儿。你要尽可能多地参加她的演奏会，就像参加儿子的比赛一样；询问她的爱好，并表现出真正想了解它的好奇心；作为你们两人特殊的外出活动，带她去观看音乐表演。你可能永远都不会像热爱体育那样热爱音乐，但要知道，如果你的注意力没有平均分配，就会影响到她。请你务必诚实地问自己，这种情况是否正在发生。希望女儿明白你对运动的喜爱要多于音乐是不公平的。她可能会认为，你对儿子的爱要比对她的多。

有一次，一对与女儿相处有问题的父母找到我。他们的女儿很霸道，让人厌恶，被所有的朋友疏远。她有一个蓝眼睛、从不犯错的哥哥，至少看起来是这样的。和这个家庭待了一段时间之后，我很明显地发现了偏爱的问题。特别是爸爸，他没有给予女儿跟儿子同样的爱和关注，女儿在每一件事上都大声呼喊，以引起他的关注。跟父母解释他们偏爱某个孩子的事实是非常困难的——他们不想听，相反，这个父亲对女儿变得更加敌对。真是遗憾，因为他确实是在强化这个可怕的循环——他的女儿感到被他轻视，所以表现出格，想引起他的注意。她的父母觉得她的表现不会好，而她表现出的行为正好符合这些预期。

□ 你是否在自尊和自信方面为孩子做出了榜样？

如果妈妈或爸爸自我感觉不好，我是可以看出来的。我可以从他们的穿着方式，从他们的持家方式中看出来。如果他们经常把半满的杯子看成半空，如果他们觉得自己是无助的受害者，他们也会把这样的世界观传递给自己的孩子。他们不是去告诉孩子自己能够处理生活丢给他们的任何问题，而是把无助和绝望教给了孩子。如果你怀疑自己属于这一类人，最好的办法是从朋友或治疗师那里寻求帮助。如果你不愿意或者没有寻求外部帮助的可能，那么对于你传递给孩子的信息，一定要非常注意和小心。告诉他们，生活有时是美好的，有时是坏的，但最终你的自尊和自信会让你坚强。

□ 你是否每天表露爱意和亲情?

英国人不爱拥抱，就是不爱。来到美国之前，我没有学会如何完成一个美好而有意义的拥抱。现在我热爱美好的拥抱。它是一种温暖、善意和人性的姿态，我希望我的家乡人能学会放松一些警惕，打开自己，接受一个紧紧的拥抱。这种文化特质会影响到我们的育儿方式。英国的育儿方式不如美国的温暖、深情，我觉得很羞愧。

不过，即使在美国，我也经常看到在很多家庭里，孩子们没有得到充分的抚触。拥抱、依偎、挠痒痒和亲吻都是同等重要的养育方式，孩子们需要它们。问孩子"你感觉怎么样?"是一种很好的表达关心的方式。如果你的父母不是这样对待你的，你可能很难习惯这样做，你可能对表达感情很不舒服，但你要强迫自己走出舒适地带，因为孩子需要它!

现在也有一些人认为，抑制这种对爱意与亲情的表达对儿童有益。那些虎妈们觉得减少表达爱意和亲情能对孩子产生更强的推动力，设置更高的要求。甚至有些在这种教育方式下长大的人认为严师出高徒，他们从小努力追求父母难得给予的认可，这推动他们取得了现在的成功。也许对有些人来说是这样的，但这些人在情感上确实健康吗？他们的成功是人生上的成功，还是只是在商业上或财富上的成功？正如我已经说过，孩子有一种与生俱来的想让父母感到骄傲的愿望——我们不需要为了实现这种愿望而过分严厉。

□ 你能否对孩子的失望或失败做出恰当的反应？

假设你的孩子已经非常努力地准备即将到来的考试，他把所有业余的时间都用来学习了，你知道他已经付出了最大的努力，但他最后得了 B。你会说：

A. "哦，这成绩真棒，恭喜！"
B. "我真的为你感到骄傲，我知道你已经尽了最大的努力。这虽然不是你要的 A，不过仍然是个好成绩。"
C. "我真的很失望——你非常聪明，应该能得到 A。"

正确的答案是 B。家长犯错之多超出你的想象！举例来说，向我咨询的一个家庭里，10 岁的女儿麦琪非常苦恼，她很焦虑，很紧张。她的父母请我来做"侦探"，调查事情的原因。在我到访的某一天，麦琪回到家，告诉妈妈她没有得到她想在学校演出中扮演的角色，她很失望，她妈妈也是。事实上，她妈妈非常失望，说了很多不该说的"为什么？"和"讨厌！"之类的话。我不知道妈妈是为麦琪没能出演心仪的角色感到失望，还是对麦琪本人失望。

完全拒绝失望也不好。妈妈如果这样说："哦！这只是一场演出，让我们向前看，做些别的事情。"那也是不够的。这样很难让麦琪处理好她当时的失落，并有可能让她觉得是自己不好，因为妈妈把她的失望视为错误行为。

显然，中庸之道才是正确的做法。

妈妈应该倾听并理解麦琪的感受，然后帮助她肯定自己付出的努力。麦琪勇敢地参与校园活动，参加演出的试镜——她真棒！她为没有得到想要的角色而失望，是因为她很看重这次演出和这个角色，这是可以理解的。但是她得到的另外一个角色似乎很有趣，也许会让她在未来的另一次演出中得到更多机会。换句话说，妈妈要让麦琪觉得被拒绝没关系，被拒绝是很正常的。

你知道孩子什么时候付出了全部努力，如果他们最大的努力换回来的是 B，那就接受这个结果。但是，如果他们最大的努力可以得 A，只是因为努力还不够，因此得了 B，那么家长完全有权利感到失望，并让孩子知道自己的失望。

聪明父母这样做

我们谈论自己（家长）在哪些方面不完美，谈论自己擅长的东西，同时也谈论自己不擅长的东西，以及如何努力提高自己。如果我们犯了错，我们会尝试着说出来；如果错误不大，就轻描淡写。现在，我的大儿子犯糊涂的时候会说："很抱歉！这只是一个错误而已。"他能意识到这些小错误真的没什么，只是生活的一部分而已。

坚持底线

关于培养孩子自尊心的书籍和文章非常多，电视节目也非常多，虽然家长和保姆们深谙所有最新的有关自尊心的术语，但依然每天都在犯一些简单的错误，比如每次孩子跌倒时都把他扶起来，或是明显偏袒家里的某个孩子，或是给孩子贴标签。在你准备给孩子未来的、米歇尔·菲佛风格的治疗师投资之前，想想你固有的那些简单的习惯。如果它们不符合你在本章所读到的原则，请改变一下吧！

其他事情可能会改变我们，但我们的开始与结束都是在家庭之中。

——安东尼·勃兰特

第 **9** 章
平息家庭骚乱的法宝

优质亲子时间

问题清单

☐ 你是否足够了解你的孩子？

☐ 你的孩子是否从父母那里都得到了足够的关注？

☐ 你的孩子和你在一起时是否开心？你是否会充分利用
　碎片时间跟孩子互动？还是把所有时间都安排得
　以任务为中心？

☐ 你是否每天都和孩子在一起？

☐ 你是否对孩子说"你好"和"再见"？

☐ 你和孩子在一起时是否专心，而不是看手机、报纸或
　其他分心的东西？

☐ 你们全家人是否一起吃饭？

☐ 如果你离开一段时间再回来，你是否会先关注孩子？

☐ 你是否知道如何与孩子相处？

☐ 对孩子的爱好，你是否表现出同样的兴趣？

☐ 你们的家庭是否有自己的传统？

☐ 你是否能不纠结于你对孩子的期望，让孩子做他
　想做的特别的活动？

我服务过的一位妈妈完全支持优质亲子时间的观点，每天都定下几个小时陪伴她的儿子，但孩子的表现依然不好，并会通过不良行为来吸引她的注意。妈妈试图从自身寻找原因。这位好心的妈妈需要一个小小的调整。她与儿子在一起的时间都是穿梭在足球课、功夫课与玩耍聚会之间。他们在车上的时间很长，但他们往往是在听收音机，而且也看不到对方。她要做的是花20分钟时间坐在他对面，和他一起涂色、说话，或共享咖啡。在现实生活中，父母可以让孩子跟别的孩子拼车，节省时间来做别的。等到和孩子一起时，父母要专心与投入。

我认识的一位自由职业的妈妈坚决不做全职工作，她每周安排一天陪伴两个幼小的孩子。问题是，在那一天，她想要做完所有的家务，要单独和每个孩子待一会儿，要查看电子邮件，还要了解工作进展，完成所有该做的事情，以保证能在4个工作日内完成所有的工作。同样，如同那位忙着接送孩子的妈妈一样，这位妈妈也需要进行调整。她过于重视时间的长度，而不够重视时间的质量。后来，她改成一周工作5天。每天早晨，孩子离开以后，正式工作之前，她会处理家务和杂事。下午放学时提早把孩子们从幼儿园接回来。她现在花费更多的时间在孩子身上，并且是在孩子最能玩、最不分心时。当然，并不是所有的家长都像这位妈妈一样幸运，能掌控自己的工作时间，但是要点是一样的：不要以为数量等于质量。

优质亲子时间问题可能是最常被父母忽视的一个问题。智能手机、电视和报纸在我们和孩子之间创造了真实的屏障，即便我们坐得很近，其实彼此的心离得很远。我经常在进餐时看到，家长虽然与孩子坐在一起，但是被报纸、手机、电脑霸占着。他们告诉我："我花专门的时间与孩子在一起。无论什么情况，我们总是一起吃早餐。"但专门不是专心。如果你每天只能看到孩子几个小时，这就显得尤为重要，许多有大孩子的家庭都是这样，要让相处的时间得到真正的利用。如果你不投入其中，他们可能就会去别处，有可能会受到不利的影响。

除了帮助你认识到优质时间到底由什么构成，本章还将告诉你可以和孩子在一起做什么，无论他们是婴儿还是小学生，无论你是活跃还是安静。这是常见的对优质时间的另一个误解——你不一定要做很孩子气的事！

□ 你是否足够了解你的孩子？

让我们先来测试一下你对孩子有多了解。

1. 你的孩子最喜欢的是什么？
   ◆ 玩具
   ◆ 食品
   ◆ 书
   ◆ 摇篮曲或歌曲
   ◆ 颜色游戏
   ◆ 活动
2. 在以下几种情况下，怎么做才能安慰他？
   ◆ 生病时
   ◆ 悲伤时
   ◆ 烦恼时

3. 孩子在某种环境或情况下不舒服的表现是什么？

4. 什么会触发孩子的哭闹？

5. 在以下几种情况下，孩子会有何表现？

- ◆ 饿了
- ◆ 累了
- ◆ 无聊时

6. 如果你的孩子是学龄前儿童或更大一些，你知道谁是他的好朋友吗？

7. 孩子在学校坐在谁的旁边？

8. 孩子课间休息时和谁玩什么？

请诚实地回答这些问题。有哪些你答不出来？你要检查一下原因，并把这作为你与孩子相处的优质时间不足的一个标志。

□ 你的孩子是否从父母那里都得到了足够的关注？

如果父母两人都在家，两人都要安排与孩子的优质亲子时间。不难发现很多家庭奉行女主内男主外，也就是妈妈负责大部分带孩子的工作，而爸爸主要负责赚钱。这种安排从某一方面来说非常好，但在其他方面会有欠缺。

我服务过的一个住在加州影城的家庭就有这个问题。妈妈花大量的时间和孩子在一起，但爸爸进进出出，不参与孩子的事情，即便他在家里时也一样。这位爸爸在家办公，他总是开着笔记本电脑，即便孩子做出最偏激、最离谱的行为，他也浑然不觉。孩子感受到了这种缺席，他们在行为上做出了回应。他们是不折不扣的小怪物——他们会尖叫，在屋子里跑来跑去，撕东西。父母感到孩子们在失控。他们确实是失控了。但孩子们也在表达着一个非常简单的想法，虽然声音太大："注意我们！"

我帮助这位妈妈树立对孩子的权威，帮助她设定并保持清晰的界限。她做得非常好，孩子们真的开始回应她了。但她家里依然存在许多问题。要想让孩子们真正恢复正常，爸爸也需要参与进来。我把他拉到一边了解情况。他谈到在家工作多么困难，为他的工作设定边界是如何艰难，也谈到他经常把孩子看作不得不解决的障碍的想法。我可以看出他的观点——孩子是障碍，毫无疑问。因为孩子们一直在尖叫，所以他不想和他们在一起，但他们一直尖叫是因为他没有和他们在一起。这是一个死循环。如果爸爸继续在家里工作，他需要为他的工作以及孩子们设置一些明确的规则。爸爸需要花时间和孩子在一起，一开始要完全专注于他们，然后他可以解释说，他需要工作一小时，他需要他们在那段时间保持安静。孩子们已经比较大了，可以自己玩相当长的时间。一旦他们得到了他足够的关注，他们就会让他工作。这极大地改进了他与孩子们的关系，改善了孩子们的行为表现，也改善了婚姻质量。

☐ 你的孩子和你在一起时是否开心？你是否会充分利用碎片时间跟孩子互动？还是把所有时间都安排得从任务为中心？

有一件事我为现代家庭感到很遗憾，那就是家里的欢乐不够多。孩子们天生喜欢笑。如果你的孩子没有和你一起笑，那是为什么？大多数情况下，原因是每个人都在忙忙忙，一直在忙。"穿上鞋""上车""去上学""去练足球""去吃饭""去洗澡""去收拾房间""去睡觉"……作为知名专栏作家的安娜·昆德伦写道："我作为家长所犯的最大的错误，也是我们大多数人正在犯的。我没有充分地活在当下……我真希望我不曾那样急匆匆地赶着去做下一件事：吃饭、洗澡、看书、睡觉。我希望我能更加珍惜完成的过程，对结果的看重少一些。"

如果你的孩子还小，你极有可能已经花了很多时间和他在一起了，但你可能是在给他梳头、洗澡或是穿衣服。把这些时间变为优质亲子时间：帮孩子穿衣时，问问他今天会有什么事情让他兴奋；晚上给孩子洗澡时，在浴缸里做个游戏，或和他聊聊这一天的情况。不要让这些片段时间匆忙而过，或是打了折扣，它们可以变得很有价值，也可以很有意义。

假期之所以这样引人入胜，是因为它是专门安排的"欢乐时光"，对不对？度假的时候，你可以让孩子一整天都穿着泳衣，唯一的选择是去游泳池还是在湖中畅游。回到家里，我们的生活都很忙碌，没有多少时间来专心享乐。我们需要挣钱谋生，孩子需要上学，草坪需要修剪，杂货需要购买……我们可能没有能力甚至不想把我们忙碌的生活扔在路边，变成寻欢作乐的嬉皮士，但也有一些事情可以做。我们可以少赶一些时间，我们可以少做一些安排，我们可以答应孩子每周有一个下午一起玩。或者我们可以简单地按照昆德伦的建议，活在当下。如果你给孩子洗澡，珍视这段时间。如果你正在读睡前故事，不要只是单调地匆匆朗读，静下心来细细品味你读的内容，真的和孩子一起看书中的图片，就图片的内容向他提问，倾听他的回答，享受他和你说话时的稚声嫩语。当你与他处在那样专注的空间里，他会感受到那种专注，他会珍惜它。你也会。

☐ 你是否每天都和孩子在一起？

假设你不用分担抚养孩子的任务，出差也不多，你应该每天都花一些时间和孩子在一起。你每天能花多少时间要看你的时间安排以及家人的需要，包括孩子的需要——我不能为你分配具体的时间。这其中的重点是，你要持续地投入时间。当然有时你会晚回家或是下班后去见朋友，但尽量不要连续两晚，或是一周之内好几天都这样。每次20分钟，每天两次，一天天地积累下来最终会强化你在孩子生活中的连贯性。

☐ 你是否对孩子说"你好"和"再见"？

格雷琴·鲁宾是《幸福工程与更幸福的家庭》一书的作者。她有一个目标是在家庭事务中使用问候语。她觉得家里有人离开或回来，在家的人对此给予关注，是很重要的。家里的其他人应该停下手头的事情，和要出门的人说再见，或是给回家的人一个欢迎之吻。我认为她的想法非常棒！这是在说："嘿，你对我很重要。"这是彼此保持联系的方式。我经常告诉家长，即便他们要在孩子起床之前离家上班，他们也应该进入孩子的房间，和他吻别，并祝愿他今天过得开心。经年累月，这些几秒钟的时刻会累加起无数的瞬间。这同样适用于上床睡觉的时间。如果可能，每一个夜晚都为孩子掖一下被角。每天结束时你所做的事情，和每天开始时你所做的事情一样重要。让你说晚安的声音和你的爱抚成为孩子一天的终点。

☐ 你和孩子在一起时是否专心，而不是看手机、报纸或是其他分心的东西？

请把你和孩子在工作日一天相处的时间写下来。假如你已经记录下了早晨的一个小时和晚上的两三个小时，好，让我们来更仔细地观察一下。那段时间你都做了什么？其中有多少时间在打电话？多少时间在看电视？多少时间在读自己的东西？多少时间在车里？我经常告诉家长，最好的礼物就是你的存在，所以一定要确保你是实实在在地存在。你打电话、看报纸，甚至是查看智能手机的时间都是正当的，但这些时间并不能算作优质亲子时间。你并不需要下班一到家就全神贯注地盯紧你的孩子，直到他上床睡觉。相反，你要找到在一起相处的时间与优质亲子时间之间的差别，你要把优质亲子时间排在前面。

☐ 你们全家人是否一起吃饭？

正如我在第4章提到的，一个健康的固定进餐安排会带来很多好处。如果你觉得没有时间与孩子相处，你应该想办法每星期安排一次全家聚餐，雷打不动。没有电话，没有电脑，就是坐在一起吃饭、聊天。可以只是30分钟，可以只是外卖的面条，但是一定要做到。

这件事还可以这样看：尽管大家都很忙，但每个人都必须吃饭！所以，即使你没有时间做涂色活动或者在住所周围散步，你们也可以、而且必须找时间一起吃饭。无论是早餐、午餐或晚餐，和孩子一起坐下来，让进餐时间成为优质亲子时间。

☐ 如果你离开一段时间再回来，你是否会先关注孩子？

如果你已经离开一天了，用心让你和孩子重聚的时间专注而优质。如果妈妈或爸爸一回家就立即打电话或做家务，我会看到孩子郁闷的表情。你不在的时候孩子很想你——对此要予以重视。你要给他一心一意的关注，专注于你们的重聚，然后再去忙别的事情。一旦将孩子的注意力之瓶注满，他会变得更加听话！

☐ 你是否知道知何与孩子相处？

要知道，没有父母能顺利度过孩子所有的发展阶段。有些家长更擅长照顾婴幼儿，有些家长更擅长与青少年相处。如果你不太喜欢孩子的某一个阶段，不要太为难自己，但是要尝试领会这个阶段的精神，想办法和孩子顺利度过这一阶段。许多家长因为觉得假扮人物或洋娃娃之类的游戏很无聊，就去玩手机或躲避游戏时间，对此我完全理解，但是，你没有理由说找不到一个大人、孩子都喜欢的游戏。我发现父母在度过优质亲子时间时最需要的就是主意。为此，我在这里提供了很多我喜欢的主意，可以适应任何状况：

当你疲惫时：

1. 如果爸爸感觉很累，没法和孩子们跑来跑去时，可以拿出一个秒表，为孩子的某项活动测量他能做多快、做多久。爸爸的活动量小，孩子的活动量很大，双赢！

2. 坐在桌旁玩彩泥、涂色，或是读故事。

3. 玩字谜。

4. 去一个安静的地方。我累的时候喜欢带孩子去图书馆。孩子们既走出了家门，活动量也不大。他们通常会很兴奋地阅读他们以前没见过的新书，我也会坐下来阅读。

5. 用积木搭东西。大点儿的孩子喜欢搭建，年幼的孩子则喜欢把东西推倒。

当你精力充沛时：

1. 跳舞！我是舞蹈派对的超级粉丝。放上一些有趣的音乐，站起来和孩子们一起跳舞。每个人都摇摆起来，练习自己的舞蹈动作。跳舞的乐趣很多，能让孩子们消耗掉多余的精力。

2. "如果天气不错，"一位妈妈告诉我，"我会和儿子一起骑自行车上学，一起骑车回家。这会增加那一天的出行时间——通常意味着我上班会晚一点，出门要早一点，但孩子爱这样的安排。我们一起骑车回家时，他好像更容易敞开心扉和我交流他这一天的事情。我们如果有更多的时间，就会绕路穿行公园，沿着湖边骑行。我们会有一些额外的时间单独在一起，没有我的丈夫和女儿。"

3. 枕头大战。只要你觉得合适，怎么定规则都行。

4. 跑步。我认识的一位爸爸喜欢和他4岁的孩子一起跑步。他们跑得并不快，并不能让爸爸得到很好的锻炼，但这仍然是运动，等孩子长大了，他可能会超过爸爸的最快纪录。

5. 做游戏。对于年幼的孩子，你拿一个上发条的音乐玩具，听它发出的音乐，对孩子说"音乐"。然后你把音乐玩具藏在枕头下面，问"音乐在哪里？"帮助孩子找到它。孩子找到玩具时，你要给他欢呼和掌声。你再把它藏在房间的另一边，让他爬过去找它。

当你有家务要做时：

1. 让孩子帮你写超市购物清单，让他们参与购物。让他们拿着清单，帮助你找到清单上的物品。让他们挑选一种想加入菜肴中的特殊的水果或配料。

2. 如果你有洗好的衣服要叠，让孩子把衣服和袜子叠好交给你。还可以让他们猜哪些衣服是哪位家庭成员的，然后给衣物按不同的人分类。我认识的一位妈妈喜欢把收衣服的时间变为装扮时间：每个人都戴上头饰或者穿上裙子。放上音乐，他们一边跳舞，一边收衣服。

3. 一起做园艺。孩子们喜欢浇水和挖土。一位妈妈曾给她儿子一个昆虫罐子，他用来收集花盆里的蜗牛，他非常喜爱这项活动！

4. 如果你正在铺床，让孩子帮忙拉起床单，拍松枕头。

5. 有一家人，妈妈和爸爸做饭时，爸爸喜欢抱着女儿，向她解释父母在做什么。我会建议使用槽式座椅，它有点像厨房用的凳子，但是更安全。它能让你的孩子够到台面，而你不用担心他会向后掉下去。根据孩子的年龄，可以让他帮着撕生菜，在碗里搅拌食材，甚至称量食材或是洗碗。

6. 另一位妈妈与7岁的女儿玩游戏，灵感来自一个美食节目。在节目中，参赛者会得到三种食材。他们必须用这三种食材很快地做出好吃的东西来。于是她把一些简单的食材，如花生酱、果冻和全麦饼干放在一个篮子里，并用布盖上。她让女儿取下布，然后用这些食材做东西，同时用计时器计时。这个游戏会引导这个7岁的孩子热爱并欣赏烹饪。

7. 一位妈妈有两条狗。她喜欢带着孩子们一起遛狗。"他们每人带着一只狗散步。散步时他们如果有某种责任，他们往往会表现得非常好。通常我们有一个目的地，到达目的地之后，孩子们可以在回家之前一起玩几分钟。"

8. 一个小女孩喜欢看爸爸修理东西。他通常都会让她帮忙。妈妈说："看着他们一起修水槽真是可爱极了。"

当你很有灵感时：

也许有些时候你会感觉有很多艺术灵感，无论是音乐上的，还是手工上的，你可以考虑这些活动：

1. 弹奏音乐。安德鲁非常喜爱音乐，他喜欢和7岁的儿子杰克坐在一起弹奏音乐。安德鲁有时会弹吉他，杰克会唱歌或打鼓。他们对同一支乐队和歌手感兴趣，如果那支乐队或那位歌手恰好到本地演出，安德鲁就会带杰克去听音乐会。在写这篇文章的时候，杰克正在迷恋披头士乐队，他和安德鲁正期待着去看保罗·麦卡特尼到本地的巡演。

2. 给宝宝一个木勺，鼓励他用木勺敲击地板。和他一起敲击，并演唱你最爱的那些歌曲。

3. 自制根汁汽水。马特喜欢自制根汁汽水并装瓶，他教10岁和8岁的儿子和他一起做。"也许他们长大以后，"他说，"他们会喜欢自己做啤酒，我们可以形成一个共同酿制饮品的传统。"

4. 装饰姜饼屋和饼干总是很受欢迎，不过你要确保你有办法能让糖分带来的能量得到消耗。

5. 一个词：彩泥。

你喝了很多咖啡，想要挑战家政女王玛莎·斯图尔特时：

是的，很可能有的时候，你的血管里充满了精力和创造力。在这样的时候，你可以尝试以下活动：

1. 莫莉喜欢与5岁的儿子一起搞发明。"在我们的车库里，"她说，"我们有一个巨大的纸箱，装着很多疯狂的东西（钩子、捆绑货物的绳索、电线、棍子、滑轮、脚轮、夹板、长尾夹、绳子、球、桶……）。我们可以一起做一些有趣的东西，比如在车库四周挂上绳子和毯子，形成一个堡垒；把一段绳子绑到一把支撑洗衣篮的尺子上等。"

2. 丽莎一直和她学龄前的孩子一起利用可回收物品制作东西。他们使用的材料有胶带、不干胶、纸和蜡笔。纸板和塑料瓶变成了水母、消防栓或是谷仓。几天之后，这些创作又会回到回收箱里。

当你想外出，但是不想再去公园时：

1.去苗圃，坐车四处转转，闻一闻花朵的香味。

2.去参加你能找到的任何免费户外音乐会。

3.到建筑工地去野餐，观察工地上的活动。

4."探索"行走。看看你能观察到多少事物：花、鸟、卡车、颜色——任何能引起你和孩子兴趣的事物。你甚至可以带着植物图谱或是打印的照片，对照着寻找你感兴趣的植物。

5.骑自行车。你不必骑得太远，你甚至可以让孩子骑车，而你步行。如果有比较小的孩子，大孩子骑自行车时，他可以坐进儿童推车。

天气很恶劣，但你必须走出屋子时：

1.接纳这坏天气吧！给每个人穿上雨靴和雨衣，踩水前行。让孩子们跑起来，这样就不会受冻。是的，你会溅上泥巴，身上湿透，但你可以缩短远足的距离，然后想办法做一些有趣的热身活动。

2.丽莎和她的儿子去一家五金店。他骑一辆赛车式样的童车。他们一起看工具，看中的丽莎会购买。然后，他们一起打开和关上店里展示的每一个冰箱。

3.凯特和孩子们会选择公共交通。她住在加利福尼亚的奥克兰（迪士尼乐园所在地），那里的通勤班车非常受欢迎。

4.迈克尔带儿子去一个起降小飞机的机场，吃晚餐时观看飞机的起降。

□ 对孩子的爱好，你是否表现出同样的兴趣？

孩子还小的时候，比较容易带他们参与到你爱好的事情之中。但随着年龄的增长，孩子会逐渐发展出自己的爱好，他会对自己喜欢做什么和不喜欢做什么有自己的主意。

他们到了一定的年龄，比如说10岁，可能开始不想去远足和露营，而宁愿把时间花在吹笛子或做别的事情上。你可能是一个音乐迷，但你的儿子长大之后，可能对音乐根本没有兴趣。取而代之的是他痴迷于体育——观看比赛，参与练习，每种运动、每个赛季！对此，你会做什么？

A. 为了他热爱体育。带他去看棒球比赛，让他解释棒球比赛是怎么回事，不让他看出你的无聊。

B. 鼓励他热爱音乐。为了让他更适应你的世界，带他去听演唱会，玩三弦琴。

C. 找到一种你确实喜欢甚至是热爱的运动，和孩子一起专注于这项运动。

这个问题有些不好回答，因为我会建议尝试所有的答案。但是，如果你真的不喜欢棒球，不要假装你喜欢——这会使你和孩子在一起的时间更加难过。当然还是要去参加你儿子的活动，支持他。但是，这并不意味着你自己也必须成为球迷。不断让孩子感受到你对音乐的热爱也没有什么错——也许有一天他会爱上音乐，但同样这可能不是优质亲子时间的最佳选择。C是最好的答案——试图找到一个中间地带，寻找其他可以一起参与的活动，或是接受他的爱好中你可以真正享受的部分。例如，也许你不爱篮球，但你真的喜欢看扣篮的瞬间。也许你的女儿喜欢逛街，即使你不喜欢，你总可以体会去打折店的乐趣，感觉更像是寻宝游戏，也许你不得不进一步妥协。伯妮的母亲对缝纫很有兴趣，伯妮的姐姐也是，但是伯妮从来没有对此真正感兴趣过。她的妈妈并没有强迫她，而是努力安排与伯妮单独进行的活动，比如一起吃晚餐。等到伯妮长大一些，开始喜欢编织时，伯妮的妈妈也开始把编织作为自己的业余爱好。

□ 你们的家庭是否有自己的传统？

传统可以是很传统的，也可以是不那么传统的。比如，在我朋友莫莉的家里，有一个垒球大小的小塑料火鸡装饰。多年来，她家人一直在玩一个"躲开它"的游戏。如果你有这只火鸡，你不能告诉别人，但你也必须想办法摆脱它。因此，全家聚会时，每个人都在猜别人是不是偷偷地把火鸡塞进了他们的行李箱或雨衣里。有一次，一家人坐在餐厅吃饭，莫莉的弟弟抓起面包篮子，发现里面不是面包圈，而是火鸡!

一个更典型的传统来自于我的朋友莱斯利。每年她家都有一天"浆果日"。他们去采摘浆果，然后自制浆果冰淇淋。对这个热爱美食的家庭来说，浆果日正好搭配油炸宴。在油炸宴上，莱斯利的整个大家庭都聚集在一幢配有油炸锅的海边的房子里。一开始的时候，他们油炸海鲜和洋葱圈。现在，他们为这史诗般的年度盛宴炸蔬菜，甚至糖果。

我的朋友布赖恩家有一座乡村小屋。这座小屋世代都被称为"看过营地"（因为他的祖先发现这个地方时，他们

"看过了"这个地方）。野生黑莓馅饼是"看过营地"最常提供的美味。他们一直保持的一个传统是，吃完馅饼之后可以舔盘子，但必须在桌子底下舔。布赖恩家的另一个传统是北极熊日。每年的1月1日，他们所有的家人和朋友聚集在一起，在寒冷的湖水中泡一泡，然后饮用热黄油朗姆酒（或者是给孩子的热巧克力）。布赖恩家的北极熊日始于20世纪20年代初，从20世纪40年代开始，他们在一个本子里记载下了所有的参与者姓名。这个本子一直放在书架上，到了北极熊日才会被拿下来。就在那一天，所有的"跳水者"都会在本子上写下自己的名字。水的温度与当时的室外天气也会被记录下来，每个人都会拍照留念。

珍娜家在每年平安夜表演圣诞短剧。这一传统刚开始时，家里的孩子们为大人表演圣诞主题的短剧，经过演变，现在已变为年轻一辈为年长一辈表演，然后年长一辈为年轻一辈表演。每年都会出现一位与众不同的"圣诞老人"来结束演出。有一年的"圣诞老人"是一架旋转的风扇，另一年的"圣诞老人"是家里的狗。

传统没有对错之分。你可以复制其他人的传统，也可以放弃那些没能"坚持"到底的尝试。重点是，传统是为家庭提供黏合剂的时刻，表明你的分享非常重要。对孩子们来说，身处其中，他们的感觉会非常美妙，对大人来说也一样。

□ 你是否能不纠结于你对孩子的期望，让孩子做他想做的特别的活动？

和孩子在一起时，你要做的最重要的事情，就是顺着孩子的想法开展活动。问问孩子，他是否想做一个特别的活动，如果他想在后院搭帐篷，那就搭吧！别担心后院会变得很乱——他可以帮你清理。我认识的一位妈妈对所有活动的唯一要求是，孩子参与活动的时间要超过清理的时间。仅此而已！

积木塔不一定非要很完美，甚至不一定是整齐的。你们一起制作的饼干可以有着奇怪的形状，你们采的黑莓可以染黑每个人的手指——谁会在乎？

假如你带女儿去迪士尼乐园，她想留在公主帐篷里，不要因为你想让她在闭园之前多玩几项游戏就催促她离开。在鼓励她探索其他游戏之前，请跟着她的方向。如果你们没能在乐园里跑来跑去看完所有的项目，那也没有关系。

有纪律地玩耍

我有一个朋友总是说："游戏时要有纪律。"他的说法完全正确。我们年纪越大，就越难充分发挥想象力。这时要想拿走早已烙入脑海的任务单和日程表，让我们忘我地享受眼前的时光，已经几乎不可能了。我有一个让自己专注此刻的办法，就是回忆自己的童年。通过回忆自己成长过程中最喜爱的一些时刻，我可以设身处地地为孩子着想。这个办法可以提醒我，孩子会觉得这些时刻有多么重要，以及它们对孩子的意义有多大。

虽然我妈妈独自抚养我和弟弟，并因此非常忙碌，她依然很惊人地和我们一起度过了很多优质亲子时间。她曾是（现在依然是）一位优秀的面包师，我们的一部分收入就来自卖给邻居的店铺的美味的肉馅饼和圣诞蛋糕。每当我在外面看到妈妈曾在家做过的甜品，我就会买下来，把它们运回我家装有软木地板和奶油色橱柜的厨房里，妈妈会教我卷出杏仁蛋白糖，并教我如何切。有一次，因为我不知怎么把杏仁蛋白糖粘在了头发上，她还帮我把头发剪了。虽然这一天并不是我最喜欢的一天，但是每当我看见或品尝杏仁蛋白糖时，我心里都充满了温暖。妈妈也喜欢带我和弟弟在家附近作长距离的散步（如果快要回家时，我那总爱出事故的弟弟没有伤到自己，那就是万幸了）。妈妈也是一位很棒的游泳爱好者。她教我们学游泳。后来我每次进入泳池时，脑海里依然会响起她的声音。我有一个朋友在滑雪时有相同的经历。她的父亲教她学滑雪。30年后，每一次她调整雪板方向下山时，她的脑海中仍能听到父亲的声音："好了，现在点杖！转身！点杖！转身！"

如果没有童年的美好记忆，你该怎么办？如果没有与父母共同度过的美好时光，你可以想想其他那些带给你美好回忆的人。也许是老师、教练或是朋友的父母。大多数孩子对童年都有一些美好的回忆——想想这些记忆仍然有着多么强大的力量，以及这些记忆对你的塑造。你可以为孩子创造这样的记忆。

结 语

淡定育儿，继续努力

相信你的直觉

冒着经验被全盘否定的风险，我必须要说，没有人比你更了解你的孩子。我曾经说过，有时我们离问题太近，以至于难以看清问题的真相，这是事实。但与此同时，如果你收到不适合你的意见——即使意见来自你的儿科医生，好好想想为什么会有这样的意见，然后相信自己。

　　例如，我有一个朋友生了一个个子很小的孩子（现在仍然是）。在她的儿科医生所使用的生长曲线图上，她的宝宝处在比较偏低的百分位，医生给了她很大的压力，要她在母乳之外补充配方奶。我的朋友并不认同这个建议。这是她的第二个孩子，她知道她的奶量很好，知道宝宝的食量很正常。她知道宝宝的体重在增加，除身高外，其他各项发育指标都在正常范围内。是的，她的孩子身材娇小，但她在其他方面的表现都显示出她很健康。我的朋友相信自己的直觉，不觉得有必要补充配方奶。三年后，她的女儿开始吃花生酱、鸡蛋、黄油和各种健康的食物。她的身高仍然处在生长曲线比较偏低的百分位。她只是身材娇小，她的妈妈从一开始就知道这一点。

　　你可能在本书中遇到一些并不适合你的孩子的意见。也许她对数数的方法没有反应，或者是在另一个方面特别敏感。做父母的不能"一刀切"。一种方法可能适合一个孩子，但对另一个孩子就是错误的。举例来说，有一位妈妈正苦恼于她学龄前的孩子在早上的表现。我给她提供了一份时间表建议：1. 唤醒。2. 穿好衣服。3. 吃早餐。这项建议背后的原则是，你希望孩子做完工作（穿衣），再得到好处（吃早餐）。这位妈妈进行了尝试，但是斗争依旧。后来她意识到，她女儿在早上特别能吃。如果卡路里的吸收在先，女儿就能更好地与妈妈合作。于是，她告诉女儿在睡觉之前选好第二天要穿的衣服，然后拿着衣服下床吃早饭。女儿可以穿着睡衣吃早饭。一旦吃完早饭，她就在餐厅里穿好衣服。虽然这样的做法违背了我通常提出的建议，但这种方法对这个家庭有用，它使早晨的进程更加顺畅。

在本书中，我希望提供的是整首曲子的低音基调：这些都是有用的原则，都是人们经常遇到问题的地方，但是你和你的孩子要形成你们的高音部分，你要来确定哪个方法有用。不过，在这个过程中，请注意以下原则：

了解自己

还记得那个拒绝为儿子诊断行为问题的妈妈吗？她有勇气这样做的原因之一，是她知道自己的孩子并不完美，她知道需要以更加有效的方式来引导孩子们的能量，最终他们会成为正常的孩子。她相信她的直觉可以看清真正的状况。作为家长，你要了解自己的直觉。如果你倾向于更多地控制孩子，可能已经听别人说过这样不好至少一两次（也许是一百次）了。如果你倾向于让孩子自己决定，并意识到当孩子想把条纹与格子搭配穿着时，就要抵制住自己的控制欲。

了解你的文化

当你8岁的孩子告诉你他想去朋友家过夜时，在说"绝对不行"之前，请考虑一下是你，还是你的文化习俗对此难以接受。你不断在冰箱里塞满加工过的果汁，请考虑一下这是源自你的实际需要，还是一种生活习惯。如果你的孩子对长辈不礼貌，你耸耸肩，表示"孩子就是孩子！"请考虑这是否就是你的实际看法，还是源自你的文化中的期望。如果你6岁的孩子一周中的每天晚上都有课外活动，请考虑一下这是你的偏好，还是你的文化的节奏。有时候，你不得不先定位文化，然后才能将你的直觉从大众行为中分离出来，因为大众并不总是正确的。

了解你的孩子

大多数多子女的父母都知道，没有哪两个孩子可以用完全一样的方式来养育。本书中的原则都可能有用，但你使用的方式应该有所不同。对于敏感的孩子，比起真正需要甚至必须使用坚决手段的孩子，你应该采取更加温和的方式。对有交友困难的孩子，一周每晚都有课外活动的安排会让他更不快乐。你的孩子会告诉你他需要什么。你的首要任务就是敞开心扉，听到孩子的心声。

合理期望

请记住："一切适可而止，包括节制。"不要因为你始终坚守的入睡时间就放弃一次特殊的烧烤活动，不要因为担心回家后的混乱就放弃休假。在孩子特殊的日子里，早餐为他准备生日蛋糕，而不是全麦燕麦片。如果你女儿每次从芭蕾课回来，都因为和其他女孩比起来觉得自己更胖而流泪，那就不要再去想"已经说好了，你必须去上课！"让她退出吧。即使像我这种讲究一致性的人，如果你的孩子已经到了她的忍耐极限，我也会让她为自己的做法道歉后，等候她的下一次表现。请倾听孩子的心声，然后知道何时放手，以及什么事情该放手。这就像第7章中提到的种树苗。为树苗打上桩子，然后系紧牵引绳，随着树苗的生长再放松绳子。如果暴风雨来临，或是树木开始向错误的方向生长，请收紧绳子。

不断调整

如果你尝试的方法行不通，很简单，请进行调整。最好的教训依然是通过试验和错误学到的。昨天有用的办法明天不一定有用。谈到儿童睡眠问题，家长们都会特别谈到这个现象（"我们刚想出他现在需要什么，他又倒回去了！"），实际上这种情况会贯穿孩子的整个童年。你6岁的孩子可能在7岁时需要用不同的方法，令你精疲力竭的3岁儿童可能在某一天需要你超级坚定，第二天却变得非同寻常地配合与敏感，但是再过一天他可能又会回到疯狂的乐园。

保持敏感

当你发现自己身处杂草丛或是战壕中，或者任何最适合那些日子的比喻——每个人都是凌晨5点起床，一半的家庭成员在生病，另一半则行为怪异，而且家里没有吃的，那么就停下来调整自己。如果你是一个局外人，走进来查看当天的问题，你会有什么建议？如果我像蟋蟀小吉米尼一样停在你的肩膀上，你觉得我会如何建议？尽量抽身出来，只问明天最明智的做法该是什么。然后，保持镇静，继续努力。

爱玛给家长的忠告

1. 给孩子提出更高的期望，他们会提高自己以到达要求。期望降低，他们的水平也会跟着下降。

2. 不良行为是一种习惯，可以打破。

3. 你不必满足孩子每一刻的每一个需要，让自己的生活更轻松。告诉他，他必须等待，并且在这个过程中学会变得富有耐心。

4. 不要让你的孩子称雄称霸，或阻止你要做的事情。要知道，你是父母，他是孩子，你可以处理他抛给你的任何问题。

5. 让孩子的行为影响他自己，而不是你。

6. 如果孩子没有得到想要的棒棒糖，就威胁要发脾气，好的父母宁肯让孩子哭，也不会用棒棒糖堵上他的嘴。

7. 我们需要更诚实地面对抚养孩子的艰难。

8. 对孩子有愤怒的情绪和挫折感，并不会让你成为失败的父母。

9. 在商业和婚姻领域中，我们针对沟通方式花费了大量的精力，而与孩子的沟通也需要同样的关注。

10. 一定要记住：孩子想取悦你。

11. 你一定要知道你是父母，你的孩子会照你说的去做。如果他们不这样做，你会处理。不要怕他哭闹，因为你都能处理。所有这些，包括其他更多的意味都包含在你的语音、语调之中。

12. 在家和孩子相处时，半存在状态很容易做到，但请不要那样。

13. 对于养育之道，一致性就是一切。

14. 久拖无果的谈判、斗争、哄骗，以及让孩子吃东西以使他消耗精力都是不必要的。孩子们饿了就会吃。

15. 随时听候孩子的差遣会令人精疲力竭，不仅不会让你成为更好的父母，而且恰恰相反！

16. 孩子不是天生就有礼貌和具备良好的价值观的。他必须学习，这是家长的工作。

17. 礼貌离不开尊重。

18. 不要习惯于孩子对你的不好。这是一个非常严重的问题，对孩子生活中的每一个方面都会有影响。如果你的孩子不尊重你，那么他又会尊重谁？尊重什么？

19. 当我们不再容忍恶劣的行为时，我们就提高了标准。

20. 你的孩子并不会总是喜欢你，那也没关系。

21. 给孩子足够的空间，如果一种行为不涉及安全或尊重问题，可以考虑放过它。

22. 感恩之心会阻止不知珍惜的倾向。

23. 出现混乱的时候，打破常规不会减轻你或孩子的麻烦，它只会增加混乱！

24. 尽管执行时间表的头一两天可能招致一两次斗争，但到了周末，一切会按计划进行。没有魔术，是常规在起作用。

25. 让孩子做孩子。

26. 放手——让孩子自己做选择，体验他们自己选择的后果。

27. 退让在短期内可能更容易，但从长远来看，会产生更多困难。

28. 孩子们会寻求关注，无论是正面的还是负面的。

29. 你生气或虚弱时，孩子能感觉到，只要能有机会触怒你，让他们趁乱得逞或是让你做出反应，他们一定会尝试的。

30. 有时答案就是一个简简单单的"不"。

31. 让孩子选择就是给孩子授权，这比什么都重要。他们希望感到对生活的控制感。

32. 与其寻找快速的解决办法，不如脱下袜子，找出问题的根源。

33. 让孩子担任照顾自己的主角，这会在他建立自主与自尊的过程中带来奇迹。

34. 孩子的不良行为，与你跟他的相处时间之间有确切的相关性。

35. 给孩子的最好礼物就是你的陪伴，所以一定要确保你是实实在在地在场。

36. 始终保持冷静，继续努力。

问题清单

1. 重新找回做父母的尊严：致爸爸、妈妈

☐ 你的睡眠是否足够？

☐ 你是否腾出时间来关心自己？

☐ 你是否腾出时间来关心你和伴侣的关系？

☐ 你回家时是否先问候你的伴侣而不是孩子？

☐ 妈妈：你是否和伴侣做爱？

☐ 爸爸：你是否关心妈妈？

☐ 如果和伴侣都在家里，你们是否通过互动给孩子示范良好的伴侣关系？

☐ 家里是否有欢乐？是否有很多笑声和乐趣？

☐ 你是否享受为人父母的感觉？

☐ 你是否有信心处理好孩子的各种行为？

☐ 你是否冷静？

☐ 你能否确保自己不是一切围着孩子转？

☐ 事情不顺利时，你是否会原谅自己？

☐ 你是否愿意寻求帮助？

2. 国王的演讲：沟通

☐ 孩子很少发脾气，还是经常发脾气？

☐ 孩子在家也像在学校那样注意听别人说话吗？

☐ 孩子是否听得见你并关注你的要求？

☐ 你是否常说这七句最重要的话？（我爱你，对不起，是，停，请，谢谢，我知道你可以做到）

☐ 对你期望或不期望的行为及原因，你的指示和说明是否足够具体？你有没有解释行为的后果是什么？

☐ 你是否事先跟孩子说明你期望的行为？

☐ 你是否尽量避免发号施令？

☐ 你是要求孩子去做事，还是请求？

☐ 你选用的词语是否让孩子感到把责任交给了他自己？

☐ 你表达的是否是你的真实意思？

☐ 你是否尽量避免自己的语气过于强硬？

☐ 你和孩子说事情的时候，身体是否靠近孩子？是否和他有眼神接触？

☐ 你的肢体语言是否与你说的话保持一致？

☐ 你是否会和孩子沟通活动之间的过渡安排？

☐ 如果你的孩子很小——婴儿阶段或刚刚学步，你是否跟他说话，并确保他能明白？你是否告诉他发生了什么事情、原因是什么？

☐ 你是否给孩子提供不同的选择？

☐ 你使用的概念和语言是否符合孩子的年龄特点？

☐ 你是否尽量避免提重复的要求，避免孩子生厌？

☐ 孩子是否愿意和你交谈？你是否愿意倾听孩子的话语并做出回应？

☐ 你是否注意观察孩子的肢体语言？

☐ 你是否等孩子平静下来后再和他沟通？

☐ 你是否鼓励孩子有事不要哭，而是要和你说？

☐ 大人们的教育观念和行为是否一致？

3. 向睡梦之乡进军：睡眠的秘密

清单1：容易的部分——诊断问题，设定情景

☐ 孩子是否无理取闹？

☐ 孩子的睡眠是否足够？

☐ 孩子是否在自己的床上睡觉？

☐ 孩子是否在适宜的环境里睡觉？

☐ 你是否尽量避免孩子在入睡前进行运动量较大的活动？

☐ 你是否给孩子睡眠提示？你是否观察他的睡意表现？

☐ 如果是婴儿：宝宝是否按时作息？

☐ 如果是大一些的孩子：孩子是否按时作息？

☐ 孩子白天的活动量是否足够？呼吸新鲜空气的时间是否足够？

☐ 孩子是否经常午睡？

清单2：困难的部分——习惯与期望

☐ 孩子能自己入睡吗？你是否避免当他的"拐杖"？

☐ 白天你是否可以把孩子放下来？

☐ 孩子从床上离开后，是否可以自己重新回到床上？

☐ 孩子是否认同就寝时间？

☐ 孩子醒来时的心情是否愉快？

☐ 你是否能 排除噩梦的可能性?

清单3：最难的部分——问题出在你身上
☐ 你是否允许孩子哭?
☐ 你是否明确表明了你的期望?
☐ 你是否强调与睡眠有关的规则?
☐ 你是否前后一致?
☐ 你是否注意观察孩子?
☐ 你是否做好了进行睡眠训练的心理准备?

4. 粥和布丁的故事：适当的营养

☐ 如果孩子不吃饭，你是否会退让？

☐ 孩子的体重是否正常？

☐ 孩子是否有固定的加餐？你是否尽量不给他吃零食？

☐ 孩子是否坐下来吃饭？

☐ 孩子是否有良好的就餐礼仪？

☐ 你是否控制孩子饮食中糖的摄入量？

☐ 你是否为孩子提供多样化的饮食？

☐ 你是否避免让孩子喝饮料？

☐ 你是否避免把"讨厌"的食物从孩子的碗里拿走？

☐ 孩子是否知道他在吃什么？

☐ 你是否是食品和营养方面的榜样？

☐ 对于孩子可能会接触到的零食，你是否会监控其质量和
　　数量？

☐ 你的期望是否合理？

☐ 你是否把甜点当作奖励，但不是很频繁？

☐ 你会让孩子自己选择食物吗？

☐ 你是否经常引入新的食物？

☐ 如果孩子第一次吃某种食物，但不喜欢，你会坚持吗？

☐ 你是否避免用食物做游戏？

☐ 你是否相信自己对孩子体重的直觉？

5. 小小绅士和淑女：礼貌与尊重

☐ 你的孩子是否会忍着不打断别人说话?

☐ 你是否注意培养孩子的耐心?

☐ 你是否注意培养孩子慷慨待人?

☐ 你的孩子是否会恰当地提出请求?

☐ 你的孩子是否善待自己的物品?

☐ 你的孩子与小伙伴在一起时的表现是否良好?

☐ 你的孩子是否善待自己的兄弟姐妹?

☐ 你的孩子是否尊重长辈?

☐ 你的孩子是否尊重你?

☐ 你是否清楚谁才是父母?

☐ 你的孩子在公共场合是否举止得体?

☐ 你的孩子是否看起来很体面?

☐ 你的孩子吃饭时的礼仪是否得当?

☐ 你是否教孩子同情他人?

☐ 你的孩子是否理解并会说"对不起"?

☐ 你是否跟孩子强调要讲礼貌?

☐ 你的孩子是否会表达感激之情?

☐ 你的孩子是否和别人恰当地打招呼,恰当地说"再见"(还是根本不)?

☐ 你是孩子的好榜样吗?

☐ 你对孩子礼貌吗? 你和他们说话时尊重他们吗?

□ 你是否尊重孩子的身体?

□ 你是否尊重自己的物品?

□ 你的语言是否恰当?

□ 你对孩子的能力是否有切合实际的期望?

6. 有关时间和地点的一切：时间安排与惯例

☐ 你的孩子生活是否有常规惯例？

☐ 你的孩子是否知道惯例是什么？

☐ 孩子的饮食与睡眠是否有固定的间隔？

☐ 你的孩子在家里的时间是否刚好合适？

☐ 你的孩子是否有时间去探索、去使用他的想象力和
  创造力？

☐ 你是否鼓励孩子自主游戏，而不是随时陪在他身旁？

☐ 时间表里是否包括主题活动时间？

☐ 你的孩子是否有户外活动时间？

☐ 时间表里是否有安静的时间？

☐ 时间表里是否有活动或运动的时间？

☐ 你的孩子是否能够专注于诸如家庭作业这样的活动？

☐ 你安排的过渡时间是否足够？

☐ 完成任务之后，是否有游戏时间和奖励？

☐ 你是否限制孩子看电视？

☐ 你是否限制所有看屏幕的时间？

☐ 孩子的所看所玩是否恰当？

☐ 必要时，你是否灵活？

☐ 你是否能接受孩子四处探索和自由地奔跑时把自己
  和周围搞得很脏（在合理范围内）？

7. 马其诺防线：边界与后果

☐ 孩子是否能听到并理解"不"？

☐ 孩子是否清楚地了解后果是什么？

☐ 孩子是否有机会纠正他的行为？

☐ 你是否坚定？你是否坚持到底？

☐ 你是否把发脾气当作孩子的问题，而不是你的问题？

☐ 当孩子面对自己的行为的后果时，你是否能保持不动声色？

☐ 你是否愿意让孩子体验不安？

☐ 你是否愿意让孩子适当体验担心？

☐ 你是否支持教师和其他人的努力，共同为你的孩子设定边界，并强调后果？

☐ 你为孩子设定的边界是否明确一致？

☐ 你是否前后一致？

☐ 你是否相信孩子会遵守无形的边界？

☐ 孩子跌倒时，你是否会让他自己站起来？

☐ 你是否让孩子对自己的行为负责？

☐ 你是否避免跟孩子争论或谈判？

☐ 你是否让孩子自己做出选择？

☐ 你是否拒绝给孩子小恩小惠？

☐ 你是否会挑选你的战斗？

8. 孩子的狮王之心：自尊

☐ 你是否会劝阻孩子的固执行为？

☐ 你是否避免给孩子贴标签？

☐ 你的孩子有朋友吗？他是否受邀请去朋友家一起玩、参加生日派对？

☐ 你的孩子能应对批评吗？

☐ 你的孩子是否可以做他自己？他的自我对你来说足够好吗？

☐ 你的孩子喜欢他的老师吗？他们的关系好吗？

☐ 你是否帮助孩子分析他的优点和缺点？

☐ 你的孩子是否有因为紧张而咬指甲、磨牙或是抱怨肚子痛的习惯？

☐ 你的孩子是否伤心或孤独？

☐ 你的孩子是否被人欺负？

☐ 你的孩子能否承担与其能力匹配的家务和责任？

☐ 你是否允许孩子完全靠自己去完成可能并不完美的任务？

☐ 你对孩子的赞美是否比告诫多？孩子表现好时，你是否会给予认可？

☐ 你是否避免在孩子面前谈论他的行为？

☐ 你是否注意避免厚此薄彼？

☐ 你是否在自尊和自信方面为孩子做出了榜样？

☐ 你是否每天表露爱意和亲情?

☐ 你能否对孩子的失望或失败做出恰当的反应?

9. 平息家庭骚乱的法宝：优质亲子时间

□ 你是否足够了解你的孩子？

□ 你的孩子是否从父母两人那里都得到了足够的关注？

□ 你的孩子和你在一起时是否开心？你是否会充分利用碎片时间跟孩子互动？还是把所有时间都安排得以任务为中心？

□ 你是否每天都和孩子在一起？

□ 你是否对孩子说"你好"和"再见"？

□ 你和孩子在一起时是否专心，而不是看手机、报纸或是其他分心的东西？

□ 你们全家人是否一起吃饭？

□ 如果你离开一段时间再回来，你是否会先关注孩子？

□ 你是否知道如何与孩子相处？

□ 对孩子的爱好，你是否表现出同样的兴趣？

□ 你们的家庭是否有自己的传统？

□ 你是否能不纠结于你对孩子的期望，让孩子做他想做的特别的活动？

致　谢

　　和育儿一样，写书也需要整个村子的乡亲邻里的帮助。在完成此书的过程中，我非常幸运地拥有着不同凡响的一村人。

　　在完成本书的过程中，我遇到了出版梦之队，对此我感到非常幸运，更不用提无以言表的感激之情。首先，我要感谢心房出版社的每一个人，包括朱迪丝·科尔、本·李、渡边京子、萨拉·怀特、伊莱恩·布若德、希拉里·提斯曼和珍妮·李。我再也找不到比格丽尔·亨德里克斯更好的编辑了。他对这本书的鼓舞、远见和宣传让整个写书过程有趣而又顺利。我第一次见到格丽尔时，我就爱上了她，并且知道她就是我想要的帮我出书的人。当我收到她的出版合同时，真的是梦想成真。我非常感谢莎拉·坎汀的支持，因为本书的书名就是来自她的灵感。

　　如果没有我的策划人詹娜·费丽，我真的无法完成本书。在整个过程中，她一直犹如天使一般，为我提供持续的支持和指导，帮我度过了每一个阶段。本书的理念基础真的应该属于詹娜。在规划本书的早期阶段，她问我："当你被叫到一个家庭里时，你会做什么？"

"是这样,"我说,"依照我的清单,观察家中的父母和孩子,对我发现的问题进行诊断。"

"就是它了,"詹娜说,"你应该把你的清单写下来。"她花了很多时间,编辑了我的无数页笔记,倾听了我所有的故事,跟我一起讨论理念。当然,她也和我讨论我对礼仪的意见以及什么是缺乏礼仪(是的,闭嘴吃东西和嘴里塞满东西时说话的确是两种不同的礼仪)。

我有最好的代理——霍华·德尹。他相信我,并从一开始就对本书充满热情。他牵着我的手走过所有阶段。他接过我的愿望,使之成为现实——承诺我圣诞节完成此书的合约。然后,他做到了这一点。还要谢谢他的合伙人盖尔·罗斯,我强烈地感觉到了他的热情。

马丁和珍妮弗·科尔斯多年来给了我极大的支持,不仅为我在写作本书时提供了住宿的地方,还花费了无数个小时给我鼓励和指导。科尔斯是我搬到美国开始新生活的原因,他们把我作为他们的保姆带到这里,并从那时起一直是我在美国的第二个家。

黛布拉·梅辛也同样是我长期的支持者,她及时、慷慨地为我提供了时间和友谊。她非常贴心地为本书写了序言。她还一直都是我最棒的意见反馈者,为我提供了非常多的意见与指导。她一直推动我追求自己的梦想和尝试。在拍摄 TLC 节目《家庭保姆》的第一天,我很紧张,黛布拉给了我一瓶急救宁。她只是没有告诉我,我应该喝下一整瓶!

德博拉·梅辛和丹尼尔·泽尔曼还在我每次去纽约开会

时为我打开家门。我非常感激他们俩一直以来的支持。也非常感谢罗曼，他和我分享了他的卧室，给了我下铺。毕竟，他不能让一个成年人睡上铺，那样可算不上是有礼貌哦！

我很感谢露辛达·索斯沃斯对整个项目的支持和鼓励。无论是给予我需要的工作时间、阅读本书的草稿，还是在她的朋友中推广本书，露辛达的反馈和支持都是非常宝贵的。

我要感谢真正影响到我职业生涯转折点的两个人：格里·麦基恩（*Take Home Nanny* 的执行制片人）和朱莉·麦凯茵（来自家庭服务中介公司伊丽莎白玫瑰）。谢谢他们推动我跳出我的心理舒适区。他们为我打开了很多扇门，迎来了无尽的机会。

谢谢我遇到的许许多多的父母和朋友——尤其是其他保姆，他们为本书贡献了故事、智慧和技巧。我也想感谢凯西·科克尔。她花了很多时间帮助我编辑我们在洛杉矶的课程，其中有一些内容出现在本书之中。

我想特别感谢我的朋友洛林克·罗宁、西尔维娅·克林格、罗宾·布伦斯、苏珊·卡拉瑟斯、多比雅·罗斯福、维尼·施露、芭芭拉·勒布朗以及我的家人。感谢他们在我写书的过程中对我的包容。我一连数小时埋头在我的笔记本电脑上，然后要求他们聆听我的想法和故事。感谢他们的耐心和理解。

特别感谢查尔斯·雅各布。他的支持和耐心对我意味着世界的全部，还有他花费时间为我拍摄的用于本书的作者照片。

我深深地感谢我的妹妹杰西卡和我的叔叔马丁。他们阅读了本书的初稿，提供了非常有建设性的、深思熟虑的意见。我叔叔说，他看了我的书很震惊，很惊讶我知道这么多词！我的哥哥马克从第一天开始就对我和我的书充满信心，他不仅是为我加油助威的拉拉队队长，还在重要会议之前，安抚我的神经，并在整个过程中为我提供支持和动力。

我要感谢我的奶奶。不幸的是，她已不和我们在一起了，但就像我的妈妈，对于一个人如何行事才能被社会接受，她对我们有着非常高的期望。我童年时与奶奶相处的时间很多，她确实塑造了今天的我。对此，我感激不尽。

最后，同样重要的是，我要感谢我的妈妈。她不仅通读了初稿，而且为我的整个理念提供了基础。她的育儿之道给了我价值观、毅力和奉献精神。这些都是完成本书必不可少的。我每天都在感谢她教给我的价值观和道德观。我可能没有上城里最好的钢琴课，但我确实拥有全世界最好的妈妈！